Karin Schuh
Clemens Fabry

Wiener Stadtbauern

Karin Schuh
Clemens Fabry

Wiener
STADTBAUERN

Begegnungen – Produkte – Rezepte

Pichler

Vorwort —— 7
Die Wiener Landwirtschaft im Wandel der Zeit —— 8

Die Stadt als Bauer – BIOZENTRUM LOBAU —— 13

Mischbetriebe
Der Heimkehrer – BIOHOF NO. 5 —— 19
Das Burgenland in Wien – BIOHOF STEINDL —— 27

Fleisch & Fisch
Der Bauer an der Grenze – FAMILIE RAUTNER —— 35
Die Kreislaufwirtschaft – BLÜN —— 43
Exkurs: Der mobile Fischräucherer —— 48

Spezialitäten
Die Schnecken-Erlebniswelt – GUGUMUCK WIENER SCHNECKENMANUFAKTUR —— 53
Ein Kraftplatz voller Feigen – BIO-FEIGENHOF —— 59
Die Pilze aus dem Kaffeesud – HUT & STIEL —— 67
Vom k. u. k. Hoflieferanten zum Chilihof – CHILIHOF —— 73
Die Bienenflüsterer – BIO-IMKEREI HONIGSTADT —— 79
Das Kräutermeer im Osten Wiens – KRÄUTER ALTSCHACHL —— 85

Die Hauptstadt der Gurke —— 90

Gärtnereien
Die Hüterin der Vielfalt – GÄRTNEREI BACH —— 97
Paradeiser und Präsidenten – GENUSS-GÄRTNEREI GANGER —— 105

Das flüssige Wiener Wahrzeichen —— 112

Weinbaubetriebe
Auf ein Achterl mit Prinz Charles – WEINBAU OBERMANN —— 119
Der Musiker im Weingarten – WEINGÄRTNEREI UHLER —— 125
Die Grafikerin im Weingarten – WEINBAU JUTTA AMBROSITSCH —— 133
Die Kräuter als Weingartenarbeiter – WEINHANDWERK —— 139

Aus dem Klostergarten
Der Dornbacher Pfarrer steckt aus – STIFT ST. PETER —— 145
Klösterliche Äpfel – SCHOTTENOBST —— 151

Alle Rezepte auf einen Blick —— 156

35

Inhalt

139
19 27
119 133
125
145
79
67
73 151
43
97
105
13
85
59
53

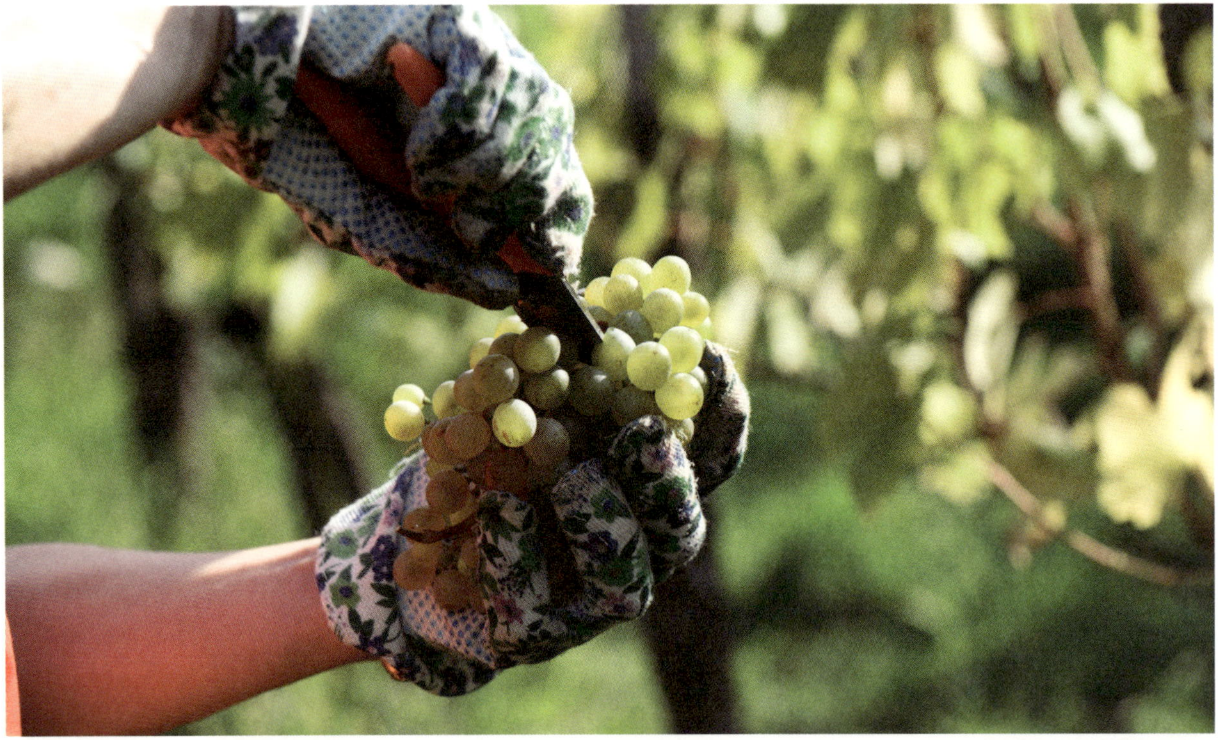

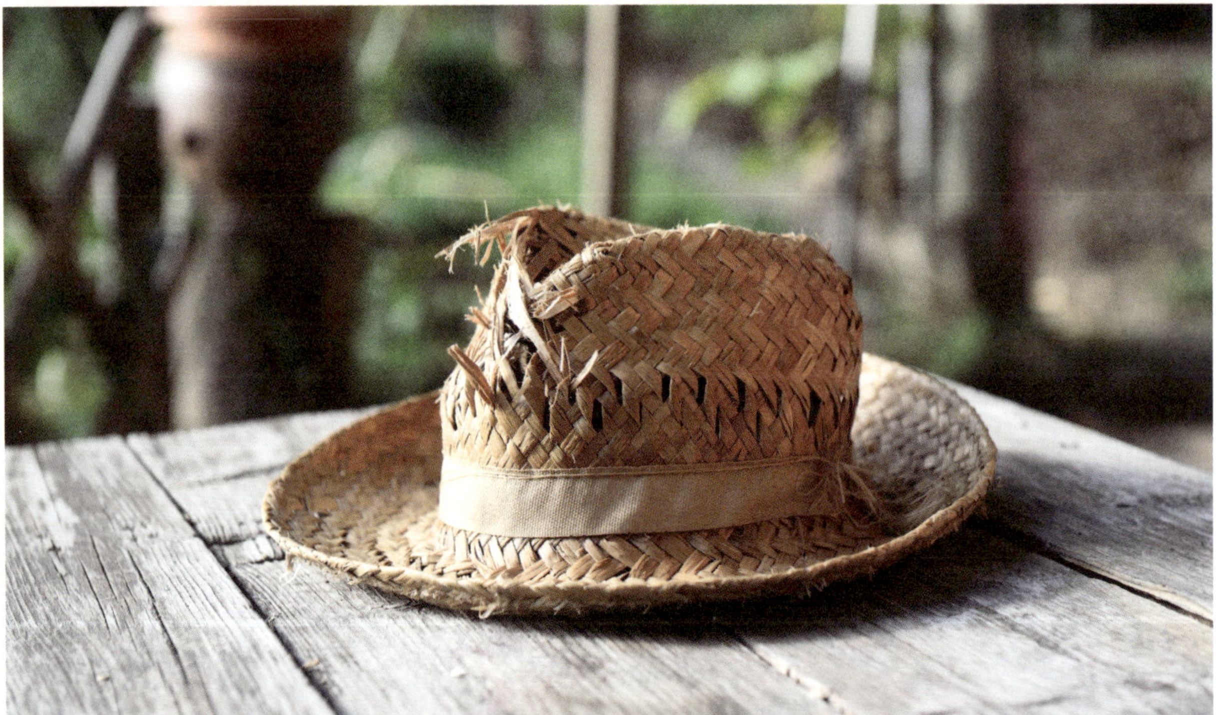

Vorwort

E in Bauer in der Stadt mag auf den ersten Blick wie ein Fremdkörper wirken. Wie jemand, der sich verirrt hat, vielleicht maximal auf der Durchreise ist, aber eigentlich gar nicht hierher gehört. Auf den zweiten Blick passt das aber sehr gut zusammen. Immerhin ist die Stadt nicht nur grau, sondern sehr oft auch grün – vor allem am Stadtrand. Mehr als 600 landwirtschaftliche Betriebe gibt es in Wien. Das reicht vom landwirtschaftlichen Aushängeschild – dem Wiener Weinbau – über die vielen Gärtnereien, die hier lange Tradition haben, bis hin zu kleinen Mischbetrieben. Selbst Hochlandrinder werden innerhalb der Stadtgrenze gehalten. Und dann gibt es noch die jungen, kreativen Betriebe, die häufig von Quereinsteigern gegründet wurden – oft aus der Überlegung heraus, wie man eine Millionenstadt mit regionalen Produkten versorgen kann.

So unterschiedlich all diese Betriebe sein mögen, eines ist ihnen gemeinsam: Sie sind stolz darauf, Wiener Bäuerinnen oder Bauern zu sein, und würden – auch wenn es außerhalb der Stadtgrenze wohl einfacher wäre – niemals die Stadt verlassen. Und das ist gut so.

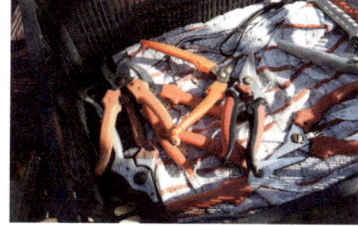

Die Wiener Landwirtschaft
im Wandel der Zeit

Wien ist ein Dorf. Oder vielmehr eine Ansammlung von vielen kleinen Dörfern. Auch wenn das heute nur noch an den Rändern sichtbar ist, war Wien früher einmal stark landwirtschaftlich geprägt. Das geht natürlich bis in die Entstehungsgeschichte der Stadt zurück. Menschen haben sich immer schon gerne dort angesiedelt, wo es Wasser und gute, fruchtbare Böden gibt. Dem Boden ist auch das landwirtschaftliche Aushängeschild der Stadt, der Wein, zu verdanken (→ S. 112). Der wurde übrigens früher nicht immer nur in den Randbezirken angebaut: Selbst in der Wiener Innenstadt soll es kleine Weingärten gegeben haben.

Historische Pläne der Stadt machen deutlich, wie grün Wien einmal war. So sind etwa auf dem Stadtplan des Hofarchitekten Bonifaz Wolmuet aus 1547 rund um die Stadtbefestigung (der heutige Ring) grüne Flächen zu sehen, die für die Versorgung der Stadt genutzt wurden. Jene Gebiete, die sich außerhalb des heutigen Gürtels befinden, waren ohnehin meist bäuerliche Vorstädte. So zeigt etwa ein historisches Gemälde des Stifts St. Peter in Dornbach um 1768/69, dass die Gegend im 17. Bezirk zu dieser Zeit beinahe ausschließlich aus Weingärten bestand. Heute ist davon nur noch ein acht Hektar großer Restbestand übrig: die Riede Alsegg (→ S. 145).

Die Geschichte der Wiener Landwirtschaft ist also eng mit der Stadtentwicklung verbunden. Wo früher Kühe und Schweine gehalten wurden, stehen heute meist Wohnhäuser. Vor allem die Wiener Gärtnereien haben das häufig zu spüren bekommen. Dass eine Gärtnerei über mehrere Generationen etwa von der Leopoldstadt nach Floridsdorf und schlussendlich nach Breitenlee in die Donaustadt übersiedeln musste, ist keine Seltenheit (→ S. 73).

Schwerpunkt Garten- und Weinbau

Heute werden vor allem die Bezirke Donaustadt, Floridsdorf, Favoriten, Simmering, Döbling und Liesing landwirtschaftlich genutzt. Laut der Agrarstrukturerhebung der Wiener Landwirtschaftskammer gibt es 630 landwirtschaftliche Betriebe in Wien, die insgesamt 5.733 Hektar bewirtschaften. (Stand 2017; zum Vergleich: Die Gesamtfläche der Stadt beträgt rund 41.500 Hektar.) »Der Schwerpunkt liegt dabei auf dem Gartenbau und dem Weinbau, aber natürlich ist der Ackerbau flächenmäßig am größten«, sagt dazu Robert Fitzthum, Direktor der Wiener Landwirtschaftskammer. Viehhaltung gibt es hingegen in Wien kaum noch. Der letzte große Schweinemäster war bis vor etwa 20 Jahren in Oberlaa angesiedelt. Elf Tierhaltungsbetriebe zählt die Stadt heute, wobei es sich dabei meist um kleine Mischbetriebe mit ein paar Schweinen, Hühnern und vielleicht noch ein paar Schafen handelt. Mehr werden die städtischen Tierhaltungsbetriebe wohl auch in Zukunft nicht werden. Mit den behördlichen Auflagen und gesetzlichen Bestimmungen tun sich vielleicht Großbetriebe leicht, für die Kleinen seien diese aber nur schwer zu erfüllen, klagen die meisten Stadtbauern.

Wiener Landwirtschaft in Zahlen

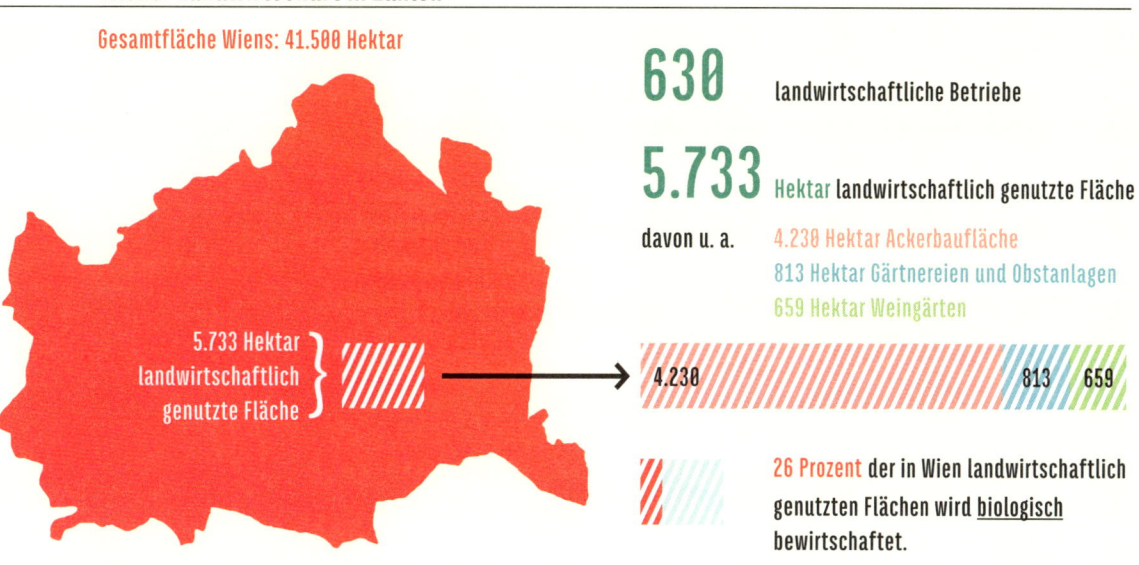

Gesamtfläche Wiens: 41.500 Hektar

5.733 Hektar landwirtschaftlich genutzte Fläche

630 landwirtschaftliche Betriebe

5.733 Hektar landwirtschaftlich genutzte Fläche

davon u. a.
4.230 Hektar Ackerbaufläche
813 Hektar Gärtnereien und Obstanlagen
659 Hektar Weingärten

4.230   813   659

26 Prozent der in Wien landwirtschaftlich genutzten Flächen wird biologisch bewirtschaftet.

Wobei dem Zeitgeist entsprechend in der Stadt das Interesse an der Lebensmittelproduktion steigt – sofern der bäuerliche Nachbar weder Dreck noch Lärm macht. Die private Hühnerhaltung in der Stadt nimmt sogar leicht zu. Während es in der Nachkriegszeit vor allem darum ging, dass möglichst viel zu essen da war, stand in den 1980er- und 1990er-Jahren die Qualität der Produkte im Vordergrund. Heute ist man einen Schritt weiter und will genau wissen, wie Lebensmittel produziert werden. Das hat auch die Stadt erkannt, die mittlerweile sichtlich stolz auf ihre Landwirtschaft ist – auch wenn sie manchmal der Stadtentwicklung im Wege steht. Dass sich Wien (inklusive Umland) zu 100 Prozent selbst mit Gemüse versorgen kann, hört man deshalb von Stadtpolitikern genauso oft und gerne, wie dass 40 Prozent der österreichischen Gewächshausfläche in der Bundeshauptstadt stehen.

Hoher Spezialisierungsgrad

Seit 2005 gibt es einen eigenen Agrarstrukturellen Entwicklungsplan der Stadt, in dem festgeschrieben wird, welche Flächen für die landwirtschaftliche Nutzung zur Verfügung stehen und welche der Stadtentwicklung dienen. Die dadurch entstandene Planungssicherheit habe zu einigen Investitionen bei den Stadtbauern geführt, meint Landwirtschaftskammer-Direktor Fitzthum.

Heute ist bei den Wiener Bauern ein hoher Spezialisierungsgrad zu erkennen. Um am Markt mithalten zu können, wird etwa nicht einfach nur Gemüse angebaut, sondern auf Sortenvielfalt gesetzt. Wer Speck herstellt, greift gerne auf Mangalitzaschweine zurück (→ S. 24). Und es gibt immer mehr Quereinsteiger, die auf (ökologische) Innovationen setzen, wie eine auf Kaffeesud basierende Pilzzucht im Keller eines Wohnhauses (→ S. 67) oder Aquaponic, eine Mischung aus Gartenbau und Fischzucht, bei der das Gemüse mit den Abfällen der Fischzucht gedüngt wird (→ S. 43). Nicht zuletzt dadurch rückt die Landwirtschaft wieder näher in die Stadt.

Landwirtschaftlicher Staatsvertrag

Seit 1957 gibt es die Wiener Landwirtschaftskammer. Der Gründung ging eine zehnjährige Verhandlungsphase voraus, weshalb damals auch von den Verhandlungen zum »landwirtschaftlichen Staatsvertrag« gesprochen wurde. Der Grund für die lange Dauer ist ein politischer oder ein »urösterreichischer«, wie Robert Fitzthum von der Wiener Landwirtschaftskammer meint. Immerhin gab es vonseiten der SPÖ Bestrebungen, die Pflichtmitgliedschaft auch auf die Kleingärtner, klassische SPÖ-Klientel, auszuweiten. Damit hätte es wohl einen anderen Landwirtschaftskammerpräsidenten, nämlich einen roten, gegeben. Durchgesetzt hat sich der Vorschlag aber nicht. Als Kompromiss werden heute noch drei der insgesamt 23 Kammerräte der Wiener Landwirtschaftskammer von der Stadt Wien bestellt, auf Vorschlag des »Landesverbandes Wien des Zentralverbandes der Kleingärtner, Siedler und Kleintierzüchter Österreichs« (so der korrekte Name) und unter Berücksichtigung der Ergebnisse der Wiener Gemeinderatswahl. Die restlichen 20 Kammerräte werden gewählt.

Ein Kleingartenverein bei der Landwirtschaftskammer mag aus heutiger Sicht verwundern. In der Nachkriegszeit trugen die Kleingärtner aber erheblich zur Ernährungssicherheit bei – heute würde man das vielleicht Urban Gardening nennen.

Den Wiener Bauernbund gibt es übrigens schon länger, nämlich seit 1936.

Biozentrum Lobau

Die Stadt als Bauer

Wien hält mit dem Biozentrum Lobau den größten Bio-Betrieb der Stadt. Verteilt auf mehrere Flächen werden Gemüse, Erdäpfel und Getreide angebaut – etwa im Nationalpark in der Lobau. Karl Mayer arbeitet hier als Gutsverwalter. Auch sein Großvater hat das schon getan – allerdings noch als »Oberschweizer«.

Dafür, dass er der größte Bio-Betrieb der Stadt ist, gibt er sich recht bescheiden. Man muss schon wissen, wo das zur Stadt Wien gehörende Biozentrum Lobau beheimatet ist, um ihm einen Besuch abzustatten. Das empfiehlt sich etwa, um gegen Voranmeldung Erdäpfel (in Fünf-, Zehn- oder 25-Kilo-Säcken) oder ungemahlenes Getreide abzuholen. Kein Hinweis am Weg dorthin, nicht einmal ein Schild bei der Zentrale selbst weist auf den landwirtschaftlichen Betrieb hin. Die Verwaltung ist in Groß-Enzersdorf, in der Lobaustraße 53, in einer denkmalgeschützten Kaserne untergebracht, in der heute auch Wohnungen und ein Western-reitcenter eingemietet sind. Gut versteckt an der Grenze zwischen Niederösterreich und Wien liegt der »Landwirtschaftsbetrieb der Stadt Wien – Ökonomieverwaltung Lobau«, so der korrekte Name. Ein hübscher Backsteinbau, der früher einmal eine Kaserne war und später als Milch-

viehbetrieb inklusive Molkerei genutzt wurde, wie der Gutsverwalter erzählt.

Seit knapp 25 Jahren sei er hier beschäftigt, genauso wie sein Vater und sein Großvater. »Früher war das eine k. u. k. Kaserne. Das hier war ein Offiziersgebäude, das hier zwei Mannschaftsgebäude, in der Mitte eine kleine Küche mit dem Arrest, damit die Häftlinge gleich Erdäpfel schälen können. Und die Längsgebäude da waren Stallungen«, erklärt Karl Mayer, während er auf unterschiedliche Gebäude deutet. Es ist eine ganz eigene Stimmung an diesem sonnigen Vormittag zwischen den gut erhaltenen Backsteingebäuden. Es herrscht Ruhe, immerhin ist die Haupterntezeit vorbei. Und die Größe des Areals lässt erahnen, was hier früher einmal los war.

Nach dem Ersten Weltkrieg wurde auf dem Areal mit der landwirtschaftlichen Nutzung begonnen. Die Pferde mussten Rindern Platz machen. Aus der einstigen Kaserne wurde ein

Milchviehbetrieb mit Molkerei. Karl Mayer hat hier einen Teil seiner Kindheit verbracht. »Ich bin hier aufgewachsen und habe als Kind mit den Rindviechern gespielt.« Der damalige Betrieb hatte etwas mit dem Invalidenfonds zu tun, erinnert er sich. Kriegsversehrte hätten hier gearbeitet und unter anderem Milch zu Butter und Schlagobers verarbeitet und an die Wiener Spitäler geliefert.

⌄⌄⌄

Oberschweizer und Hofwirtschafter Auch sein Großvater arbeitete hier als Oberschweizer, wie das damals hieß. »Da waren 270 Leute beschäftigt, es gab eine strenge Hierarchie. Es gab Schweizer, Oberschweizer, Hofwirtschafter, Feldwirtschafter und Oberverwalter.« (Schweizer wurden früher übrigens ausgebildete Melker genannt, da die Fachkräfte ursprünglich aus der Schweiz stammten.)

Mitte der 1960er-Jahre war es dann vorbei mit der Rinderhaltung. »Das war eine politische Entscheidung. Man hat gesagt, die Rindviecher können auch auf dem Berg sein und nicht in der Kornkammer.« Heute werden in den ehemaligen Stallungen Erdäpfel gelagert, von klassischen Sorten wie Ditta, Agata oder Anuschka bis hin zu Raritäten wie Zyklame, Double Fun, Violetta oder Salad Blue.

1978 wurden Teile des Betriebes auf die biologische Wirtschaftsweise umgestellt. Man konzentrierte sich bereits auf Getreide und Gemüse. 1987 wurde dann der komplette Betrieb zu einem Bio-Betrieb. Damals, erinnert sich Mayer, wurde man dafür noch ausgelacht.

Heute werden Getreide (Hafer, Gerste, Weizen, Roggen und Dinkel), Erdäpfel und Gemüse, etwa Karotten, Grünerbsen oder Zuckermais, angebaut. Die Flächen des Biozentrums Lobau sind quer über ganz Wien verteilt – und darüber hinaus »von Mühlleiten bis zum Bisamberg«. Einfach sei das nicht. Auch deshalb nicht, weil er immer wieder darum kämpfen müsse, die Felder zusammenzuhalten. »Wir waren einmal der größte Bio-Betrieb Österreichs, aber wir verlieren leider permanent Flächen wegen der Stadtentwicklung.« So gingen etwa 160 Hektar Bio-Fläche an die Seestadt Aspern verloren. »Derzeit haben wir 900 Hektar, es waren aber schon einmal 1000 Hektar.« Das tue ihm schon weh, denn »Asphalt und Bäume kann man nicht essen«, sagt Karl Mayer und steigt in seinen Pick-up, um zu den nächstgelegenen Feldern zu fahren. Über einen Weg, der vor allem von Radfahrern und Spaziergängern frequentiert wird, geht es zurück nach Wien, mitten in den Nationalpark Lobau.

Es ist Anfang Oktober, und Mayers Mitarbeiter sind gerade mit der Herbstaussaat beschäftigt. Auf die Frage nach der Anzahl der Mitarbeiter stößt man bei ihm auf einen wunden Punkt: »Fünf Mitarbeiter und noch ein Angestellter. Pensionierungen werden einfach nicht nachbesetzt.« Er kann nicht verstehen, warum die Stadt gerade bei der Bio-Landwirtschaft derart spart. Ohne großen Fuhrpark – »der ist auf dem neuesten Stand, das muss man schon sagen« – sei die Arbeit nicht zu bewältigen. »Unter fünf Leuten kannst du das nicht mehr machen, wir müssen heute schon viel auslagern.«

Er habe oft Besuch aus anderen Städten. »Letztens waren Leute aus München da, die haben sich den Betrieb angeschaut und waren komplett erstaunt, dass sich eine Stadt so etwas leistet. Wobei ›leisten‹ stimmt ja nicht. Wir bringen der Stadt sehr viel.« Auch eine deutsche Firma sei einmal da gewesen, die sich die städtischen Betriebe im Hinblick auf ihre Rentabilität angesehen habe. »Die haben gesagt, es gibt keinen vergleichbaren Betrieb, der bei so einer Fläche und so wenig Personal so effizient ist.«

⌄⌄

Wildschweine und Drahtwürmer Wir sind an einem Feld entlang eines Rad- und Spazierweges angekommen. Einer der Mitarbeiter fährt mit einem großen Traktor gerade seine Runden, um zu pflügen, ein zweiter sät den Winterweizen aus. In der Lobau selbst wird vor allem Getreide angebaut. Erdäpfel hätten es hier wegen der vielen Wildschweine schwer. »Wir haben ein großes Wildschweinproblem. Unsere Erdäpfeläcker sind zwar mit einem elektrischen Zaun eingezäunt, aber wir verlieren trotzdem viel.« Das funktioniere etwa bei jenen Flächen, die in Niederösterreich liegen, wesentlich besser. »Da sind die Gemeindejäger verantwortlich, das funktioniert. Aber die Stadtjäger kommen einfach nicht nach.« Aber zurück zum Getreide. Das Wichtigste sei der Boden. »Eine Fruchtfolge ist unbedingt erforderlich. Zuerst kommen Kartoffeln, dann Weizen, Roggen, dann Grünerbsen – und dann geht es wieder von vorne los.« Da er ohne chemische Mittel auskommen muss, müsse er darauf achten, dass genug Stickstoff im Boden verfügbar ist. Das funktioniert, indem etwa Leguminosen in die Fruchtfolge integriert werden. Schädlinge versucht er mit speziellen Begrünungen in Zaum zu halten. »Da muss man ausprobieren, die Drahtwürmer können wir ja nicht umbringen. Also säen wir Luzerne in der Hoffnung, dass sie die lieber mögen als Erdäpfel.«

Für Karl Mayer war eine biologische Wirtschaftsweise von Anfang an selbstverständlich. Man müsse den Boden kennen und ihm eine Chance geben. »Wir haben in schlechten Jahren immer noch eine bessere Erntemenge als konventionelle Betriebe. Aber in guten natürlich eine nicht so hohe.« Das Risiko wird durch die Vielfalt bei den Kulturen gestreut. »Man braucht Erfahrung, aber auch Hirn. Ich darf nicht gierig werden.« Während er das sagt, hört man leise im Hintergrund ein paar Lautsprecherdurchsagen, die aus dem Tanklager der OMV stammen. »Wir sind hier schon ziemlich knapp an der Donau«, erklärt Mayer den erstaunten Gesichtern.

Ansonsten habe man kaum Nachbarn, mit denen es Konflikte geben könnte. Die meisten Spaziergänger haben Verständnis für die Landwirtschaft, viele sind interessiert. »Aber es gibt natürlich auch die Nationalpark-Hardliner, die sagen: Die Landwirtschaft muss raus.«

Rund 2000 Tonnen Getreide ernte das Biozentrum Lobau jährlich, dazu kommen rund 700 Tonnen Erdäpfel. Wie hoch die Erntemenge beim Gemüse ist, will Mayer nicht sagen. »Das ist schon gewaltig, das ist viel, viel mehr.« Verkauft werden die Produkte über einen Großhändler an heimische Supermarktketten, aber auch direkt an Pensionistenheime. Mayer würde sich wünschen, dass generell mehr Bio-Produkte konsumiert werden. »Dann müssten wir in Österreich nicht 50 Prozent der Bio-Ware exportieren.« Er selbst bezeichnet sich durchaus als Bio-Pionier. »Ich ernähr mich bio – ungesund, aber bio«, sagt er und zündet sich eine Zigarette an. Der Gedanke, dass eine Stadt sich selbst mit Bio-Gemüse und -Getreide versorgen kann, gefällt ihm. Dass er selbst daran nicht ganz unbeteiligt ist, macht ihn ein bisschen stolz. ⌃

Der Komposthaufen der Stadt Wien

Dinkelkuchen

Das Wichtigste sei dabei der frisch gemahlene Dinkel, sagt Karl Mayer. Den Rest nimmt er nicht so genau:

»Wie man halt einen Kuchen macht: 250 Gramm Butter, 250 Gramm Mehl, 250 Gramm Zucker, 1 Packung Vanillezucker, ½ Packung Backpulver, 1 Schuss Rum, 5 Eier und oben Zwetschken oder Marillen drauf. Wenn's nix wird, bitte in der Redaktion melden.«

Biozentrum Lobau
Lobaustraße 53, 2301 Groß-Enzersdorf
Tel.: 02249 230012

Biohof No. 5

Der Heimkehrer

Zuerst war nur der Wunsch nach einem kleinen Weingarten da, dann kam das Gemüse dazu, bald Mangalitzaschweine und Sulmtaler Hühner. Heute betreiben Oliver und Alexandra Kaminek in Stammersdorf eine Kreislaufwirtschaft inklusive Buschenschank – fast genau so, wie das früher seine Großeltern gemacht haben.

Das große Hoftor öffnet sich behäbig. Es wirkt mächtig, wenn es langsam, fast zögerlich, den Weg ins Innere frei gibt. Es ist ein bisschen mehr als nur ein Tor. Es ist ein Übergang von der asphaltierten Straße, den hier parkenden Autos und der kleinen Bushaltestelle in der Wiener Vorstadt hinein in eine Welt, in der die Natur vorgibt, was gerade passiert. Alexandra Kaminek öffnet dieses Tor, grüßt freundlich und lässt die Besucher die Landluft mitten in der Stadt schnuppern.

Hinter dem Hoftor verbirgt sich das, was wohl die meisten als ländliche Idylle beschreiben würden. Unter einem großen, duftenden Hollerbusch stehen ein paar Stühle aus Holz und zwei kleine Tische, die den Eindruck vermitteln, als wäre das hier der Platz für schnelle Lagebesprechungen, aber auch für Dinge, die zu einer Lebensentscheidung werden können. Eine neugierige kleine rote Katze streift um die Füße der Besucher, ein paar Jungpflanzen warten darauf,

eingesetzt zu werden, ein Traktor steht im Hof bereit für die nächste Ausfahrt und ein offenes weiteres Tor macht den Blick auf einen urigen Hofladen frei: unverputzte Wände, eine alte Kredenz, Körbe mit Erdäpfeln, Roten Rüben und Zwiebeln, die auf Käufer warten, eine alte Waage, eine nackte Glühbirne und ein großes Stück Speck, das erfolglos vor der Katze mit einem Tischtuch versteckt wurde.

Oliver Kaminek stellt eine Karaffe mit kaltem Wasser und ein paar Gläser auf den Tisch und beginnt zu erzählen. Dass es den Hof schon seit 1816 gibt und er von seiner Familie geführt wurde. »Und von uns seit 2011«, ergänzt seine Frau Alexandra und nimmt ebenfalls Platz. Dazwischen lag eine 25-jährige Pause, 1986 wurde der Hof nämlich stillgelegt. Wenn die beiden so erzählen, hat man fast den Eindruck, dass ihnen all das, was sie heute hier haben, passiert ist. Oliver Kaminek war zwar sehr wohl dafür vorgesehen, den Hof seiner Großeltern zu über-

nehmen. Allerdings starb sein Großvater dann recht früh und unerwartet. Der Enkel war damals gerade einmal zwölf Jahre alt – zu jung für die Hofübergabe. Also studierte er nach der Schule erst einmal Musik und wurde Tontechniker. Ein bisschen dürfte es ihm noch leidtun, dass er den Beruf ganz aufgeben musste. Eine Zeitlang habe er versucht, beides unter einen Hut zu bringen. Als er dann aber bei einem Konzert in Amsterdam um ein Uhr früh am Mischpult beinahe eingeschlafen wäre, wusste er: Bauer sein und als Tontechniker durch die Welt tingeln, das geht sich nicht aus.

Aber zurück zur Geschichte der Wiederbelebung des Hofes: Kaminek verdiente sein Geld also mit der Musik und hatte irgendwann aus einer privaten Weinleidenschaft heraus den Wunsch, selbst Wein zu machen. Die Flächen dafür waren zum Glück noch vorhanden. Überhaupt sieht er es heute als Segen, dass seine Großmutter die Grundstücke damals »zusammengehalten« hat, sonst würde es den Biohof No. 5 wohl nicht mehr geben.

〰

Allen Anfang macht der Wein Zuerst also der Wein. Kaminek wollte sich dazu ein bisschen Wissen aneignen und tat das an der Weinbauschule in Krems und dann an der Landwirtschaftsschule in Mistelbach. »Ich habe beim Tun gesehen, dass mir das immens viel Freude macht«, sagt er. Kurz darauf stieß Alexandra zu ihm. »Die Freude hat sich multipliziert.« Weil es aber dauerte, bis die neu gepflanzten Weinreben ertragreich waren, bauten die beiden in der Zwischenzeit Gemüse an: Paradeiser, Paprika, Zuc-

chini, Erdäpfel, Zwiebeln, Knoblauch und vieles mehr. Bald saßen schon beide regelmäßig auf der Schulbank in Mistelbach. Die Ausbildung dürfte sie motiviert haben. Zuerst habe sie sich angesichts der großen Flächen der anderen Schulkollegen ein bisschen geniert: »Wir hatten ja nur einen halben Hektar Weingarten«, erinnert sich Alexandra. Aber das machte nichts. Je mehr man Produkte veredle, desto weniger Flächen brauche man, um davon leben zu können, sagte ihnen ihr Professor damals. Also machten sie weiter. Zu einem Bauernhof gehören auch Tiere, stellte Alexandra irgendwann fest. Mangalitzaschweine und ein paar Sulmtaler Hühner wurden daraufhin angeschafft. Und da Tiere etwas fressen müssen, bauten die beiden das Futter selbst an. Kreislaufwirtschaft nennt Oliver das. Deshalb dürfen im Weingarten auch Obstbäume wachsen. »Das soll ja keine Monokultur sein. Man sagt ja auch nicht Weinacker, sondern Weingarten.«

Heute haben die beiden komplett auf die Landwirtschaft umgesattelt. Auch Alexandra hat ihren Job in der Marketing- und Medienbranche aufgegeben. Anfangs haben sie sich mit Führungen für Schulklassen geholfen. Eine gute Möglichkeit, etwas dazuzuverdienen. Der Bedarf ist groß. Alexandra könnte jeden Tag Schulklassen durch den Hof führen. »Aber ich will nicht nur ein Schaubetrieb sein«, sagt sie. Also haben sie die Arbeit mit dem Projekt »Schule am Bauernhof« ein bisschen zurückgefahren. Außerdem werde es jetzt wegen der neuen Schweinegesundheitsverordnung ohnehin schwieriger. Kinder müssten als betriebsfremde Personen nun einen Schutzanzug tragen, wenn sie die Schweine besichtigen wollen. Oliver Kaminek muss dazu nicht viel sagen. Sein Gesichtsausdruck verrät, was er davon hält.

Über den Radweg zum Schlachthof Mittlerweile hat er eine Flasche Wiener Gemischten Satz auf den Tisch unter dem Hollerbusch gestellt. Der ist eines der zentralen Produkte der beiden und wird auch regelmäßig bei Buschenschankterminen ausgeschenkt. Genauso wichtig sind ihnen aber der Speck und die Würste, die aus den 15 Mastschweinen gemacht werden. Zumindest für den Eigenbedarf schlachtet das Paar selbst. Auch das haben sie gelernt. Das Fleisch, das sie bei der Buschenschank oder ab Hof verkaufen, muss allerdings bei einem Fleischhauer ein paar Gassen weiter hergestellt werden. Der besitzt nämlich einen EU-konformen Schlachthof. Kaminek würde am liebsten direkt am Hof oder vielmehr auf der nur wenige Autominuten entfernten Weide, wo die Tiere leben, schlachten. Weil das das Gesetz aber nicht erlaubt, beziehungsweise die Bedingungen, die er dazu erfüllen müsste, für ihn zu teuer sind, muss er eben

kurze Transportwege in Kauf nehmen. Deshalb überquert er, wenn es wieder so weit ist, zeitig in der Früh mit einem Schwein am Anhänger den Radweg. »Da ist eh niemand unterwegs, und das ist der kürzeste Weg«, sagt er. Seine Frau veredelt die Produkte selbst. »Ich überleg mir lieber, welche Leberwurst ich machen kann, als einen Kuchen zu backen.« Backen stresse sie nur, das brauche sie nicht.

Ähnlich wie der ganze Hof selbst, ist auch das Weinsortiment gewachsen. Dass die beiden einen Wiener Gemischten Satz (→ S. 126) machen wollen, war von Anfang an klar. Immerhin sei das »der« Wiener Wein – immer schon gewesen. Da passt es gut, dass sich Kaminek bei der Rezeptur an seinem Urgroßvater orientiert hat. Der habe nämlich immer gesagt, der Gemischte Satz brauche eine Sorte für den Grundwein und eine fürs »G'schmackl«, eine aromatische Note also, die dem Wein seine Besonderheit gibt. Kaminek hat lange überlegt, was das sein könnte. Er wollte keinen Traminer oder Weißburgunder, wie das viele traditionsreiche Betriebe machen. »Ich hab mir schon gedacht, oje, jetzt sind die ganzen guten Ideen schon weg. Dann habe ich den Muskat Ottonel gefunden.« Er werde nur minimal eingesetzt. »Viele mögen ihn nicht, weil er sie an ungarische, hochprozentige Weine von früher erinnert, von denen man Kopfweh kriegt.« Damit habe sein Wein aber freilich nichts zu tun. Für ihn passt die Sorte einfach perfekt in den Gemischten Satz.

Heute ist nicht nur der Wein rund, sondern der ganze Betrieb. Die Buschenschank sei ebenso wichtig wie der Ab-Hof-Verkauf, das eine befruchte das andere. Auch wenn das Paar die Sache nicht romantisieren will – »meine Oma hat schon gesagt, es gibt so viele Berufe, mit denen man leichter Geld verdienen kann, aber sie unterstützt uns« –, sie sind zufrieden und wollen nicht mehr tauschen. »Begonnen hat alles mit der Weinleidenschaft, die war übergeordnet. Die Grundidee dahinter war, etwas mit der Natur zu machen. Ich kann mich erinnern, ich war als Kind viel draußen. Da wollte ich wieder hin.« Ein Satz, mit dem sich das Hoftor wieder gut schließen lässt.

Leber im Glas

ZUTATEN

3 mittelgroße Zwiebeln
2 säuerliche Äpfel
3 EL Honig
1,5 kg frische Schweineleber
3 EL Mangalitzaschmalz
Majoran
Thymian
⅛ l Cognac
250 g Butter
Salz & Pfeffer

ZUBEREITUNG

> Zwiebeln schälen und klein hacken. Äpfel schälen, entkernen und ebenfalls in kleine Stücke schneiden. Zwiebel- und Apfelstücke gemeinsam anrösten und Honig dazugeben.

> Schweineleber in grobe Stücke schneiden und langsam in Mangalitzaschmalz anbraten (ist die Pfanne groß genug, direkt mit Zwiebeln und Äpfeln mitbraten, sonst im Anschluss mischen). Mit Salz, Pfeffer, Majoran und Thymian würzen und mit Cognac ablöschen.

> Butter ganz zum Schluss dazugeben und weiter durchziehen lassen.

> Etwas auskühlen lassen, pürieren und in ein Schraubglas oder eine schöne Form füllen. Gekühlt erkalten lassen.

TIPP

Auf getoastetem Schwarzbrot servieren. Hält im Kühlschrank ca. 2 Wochen.

Mangalitzaschwein

Die Rasse stammt ursprünglich aus Ungarn und ist eine der fettesten Schweinerassen der Welt. Dank dicker Fettschicht und Wollkleid können die Tiere das ganze Jahr über draußen gehalten werden. Das Mangalitzaschwein war das wichtigste Fettschwein der österreichisch-ungarischen Monarchie. In den 1950er-Jahren kam es aus der Mode, da mageres Schweinefleisch gefragt war. Der Bestand ging massiv zurück. In den 1970er-Jahren galt die Rasse als bedroht. Seitdem gibt es mehrere Initiativen zu ihrer Erhaltung. Mittlerweile hat das Mangalitzaschwein eine kleine Renaissance erlebt und wird von der Gastronomie sowie von kleinen Betrieben, die auf Direktvermarktung setzen, geschätzt.

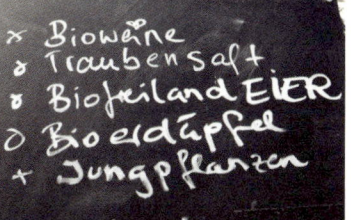

Biohof No. 5

Alexandra & Oliver Kaminek
Stammersdorfer Straße 5, 1210 Wien

wein.nummer5.at
Tel.: 0660 21 996 31, 01 292 6557
AB-HOF-VERKAUF: Dienstag 8–12 Uhr,
Freitag 8–16 Uhr, Samstag 8–12 Uhr
BUSCHENSCHANK: Termine siehe Website

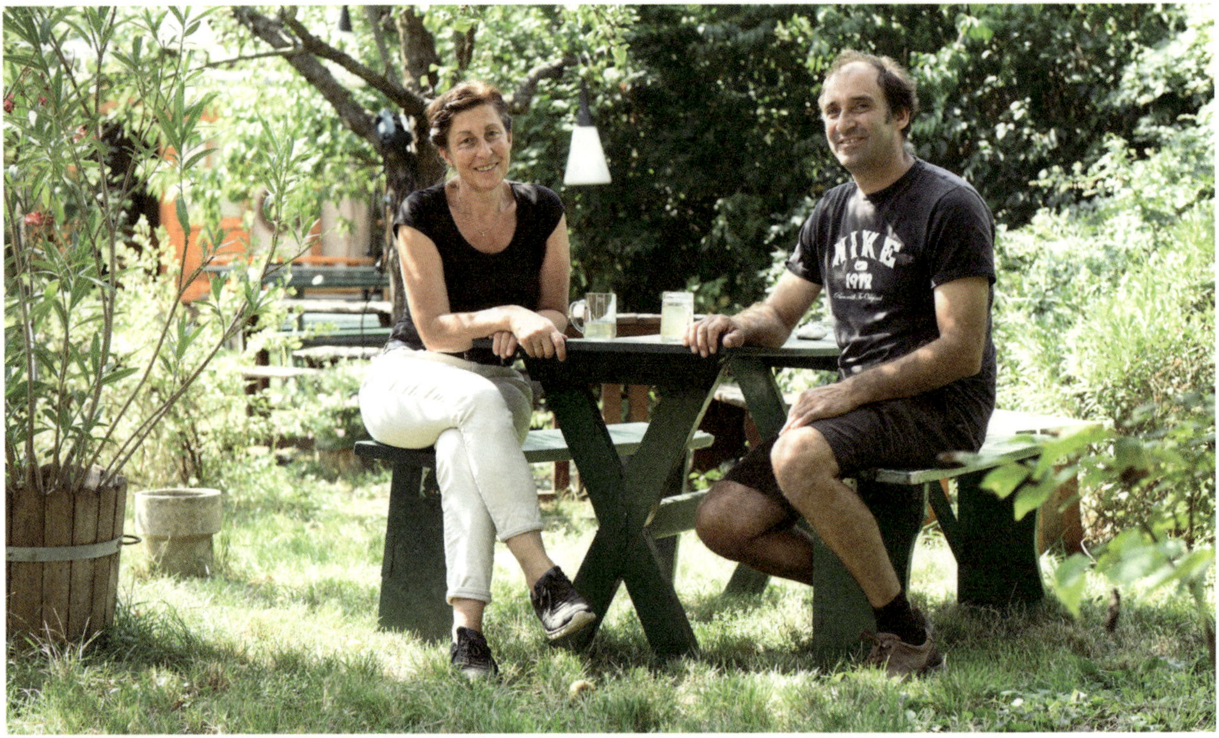
NIKE
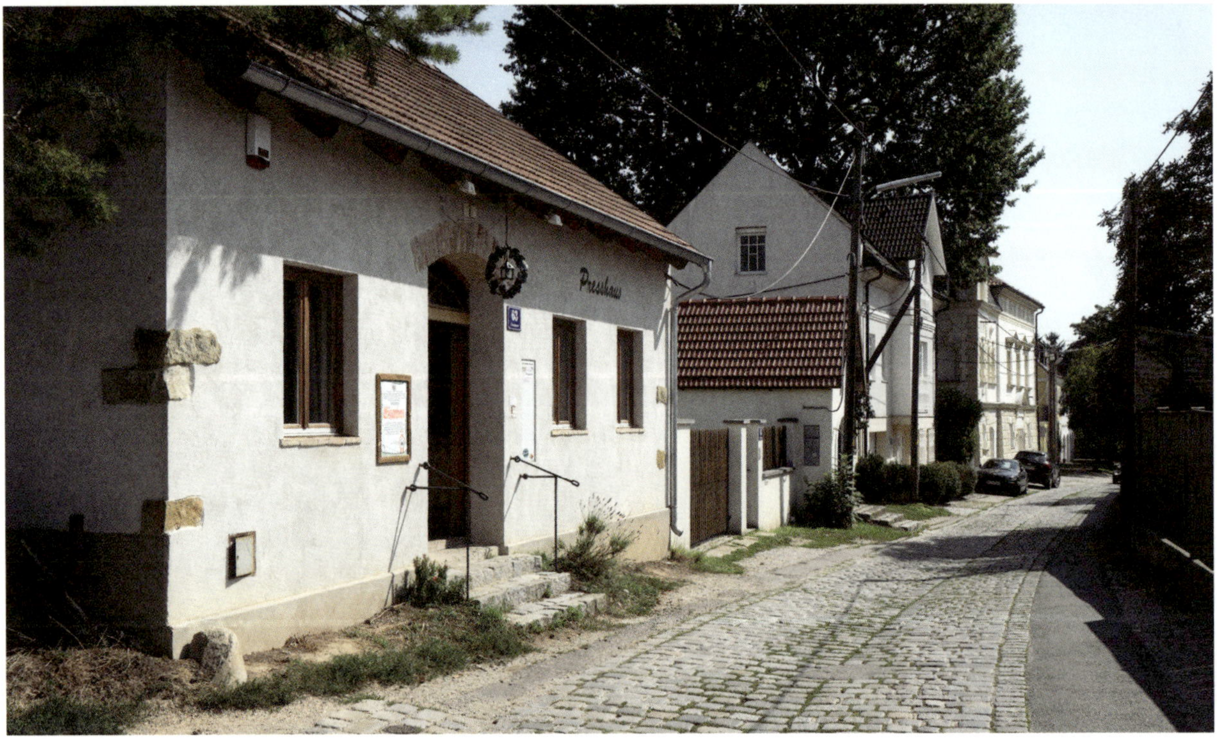
Presshaus
63

Das Burgenland in Wien

Ein Rundgang durch einen langgezogenen Streckhof, der ein bisschen an das Burgenland erinnert: Ambros Steindl betreibt in Stammersdorf gemeinsam mit seiner Familie einen kleinen Bio-Bauernhof. Seine Schwester Maria Hofbauer-Steindl kümmert sich um den Heurigen.

Das Burgenland gibt es auch in Wien: Ein Streckhof, in dem ein Familienbetrieb über mehrere Generationen Hühner, Truthähne, Schweine, Enten und Hasen hält. Ein Ab-Hof-Laden mit einer kleinen Schnapsbar, in der die eigentlichen Öffnungszeiten nicht so streng genommen werden. Ein paar neugierige Hunde und Katzen, die Besucher interessiert inspizieren und (vor allem Letztere) um Aufmerksamkeit und Streicheleinheiten betteln. Ein Blumen- und Gemüsegarten der Seniorchefin, der vor all dem Getier mit einem Zaun geschützt wird. Weiter hinten ein paar Pferde, ein paar Traktoren und ein Misthaufen. Ganz vorne, wo Familie Steindl wohnt, zwei Nussbäume, die Schatten bieten, eine Sandkiste für die Kinder und ein großer Tisch mit ein paar Stühlen für die ganze Familie.

»Kommt's rein«, sagt Ambros Steindl, der, wenn man so will, der Herr in diesem Haus ist und gerade seinem Sohn eine Geschichte vorliest. Ein Haus, das genauso auch im Burgenland stehen könnte, aber in Stammersdorf im 21. Wiener Gemeindebezirk beheimatet ist – in einer Schutzzone, der es zu verdanken ist, dass man in diesem ländlichen Idyll von der Großstadt nichts mitbekommt.

Ambros Steindl führt gemeinsam mit seiner Familie – seiner Frau Catharina, seinen Eltern Gertraud und Ambros Steindl, die ebenso am Hof wohnen, und vor allem seiner Schwester, Maria Hofbauer-Steindl, die für den Heurigen zuständig ist – einen Mischbetrieb. Genau so, wie das auch sein Vater getan hat, sein Großvater, sein Urgroßvater. Wie weit sich das zurückverfolgen lässt, kann Steindl nur schwer sagen. »Seit 1822 mindestens. Am Familiengrab in Stammersdorf steht sogar eine Jahreszahl mit 1700«, sagt Steindl, der nun seine kleine Tochter auf dem Arm trägt.

»Nach außen hin schaut das aus wie ein Betrieb, aber am Papier sind es zwei«, erklärt er. Er kümmert sich um den Ackerbau, die Tiere und das Gemüse. Die Schwester ist für den Wein und den Heurigen zuständig. Offiziell. »In Wahrheit arbeiten wir komplett zusammen, anders geht es auch nicht«, sagt Steindl und setzt an zu einem Hofrundgang. Und während die doch recht lange Strecke zwischen Stammersdorfer Straße und Clessgasse, über die sich der schmale Hof hinzieht, abgeschritten wird, erzählt er über seine Arbeit, die Gedanken, die er sich dazu macht, und wie das früher einmal war.

〰

Was hinter der Arbeit steckt Dass er einmal mit seiner Schwester den Hof übernehmen würde, war für beide immer klar. Manchmal wundern sie sich, dass sie das wollten, obwohl sie immer gesehen haben, wie viel Arbeit dahintersteckt. Sie haben aber wohl auch mitbekommen, was sich hinter dieser Arbeit verbirgt und wie wertvoll sie ist. Wenn Steindl über seinen Hof spricht, hört man den Respekt gegenüber der Natur, der Landwirtschaft und vor seinen Tieren heraus. 2002 hat er den Hof auf biologische Wirtschaftsweise umgestellt. »Eigentlich viel zu spät, aber mein Vater war selbst nie ein extrem konventioneller Bauer. Gespritzt hat er wenig und nur nach Gefühl, nicht nach Rezept.« Überhaupt habe er heute das Gefühl, dass nur noch nach den Vorgaben der Saatgut- und Düngemittelhersteller gearbeitet werde. Da wollte er nicht mit. »Der Hauptgrund für die Umstellung war die Wertigkeit für das Produkt. Es gab eine Zeit, wo es egal war, wie viel bei der Getreideernte verloren ging,

weil es nichts wert war.« Heute sei das zum Glück anders. Steindl schätzt die Entscheidungsfreiheit, die er jetzt hat, und auch, dass er individuell reagieren kann, ja eigentlich muss. »Jedes Feld braucht etwas anderes. Es dreht sich alles nur um den Boden, das ist das Wichtigste.« Das merke er ja bei sich selbst. »Wenn du den ganzen Tag auf einem harten Boden stehst, tut dir das nicht gut. Das geht den Pflanzen genauso.«

Rund 70 Feldstücke auf insgesamt 54 Hektar bewirtschaftet er. Der Großteil davon, etwa 90 Prozent, ist in Stammersdorf verteilt. Der Rest liegt in Niederösterreich. Im Frühling baut der Biohof Steindl Gerste an (»wenn es geht, Braugerste, das hängt von der Qualität ab«), Erdäpfel und Mais. Im Herbst wird Weizen, Roggen und Wickroggen angebaut. Dazwischen Gründüngungen, damit sich der Boden erholen kann. Verkauft wird alles ans Lagerhaus, das die Lebensmittel wiederum an den heimischen Einzelhandel weitervertreibt oder auch exportiert, nach Italien oder in die Schweiz. Gemüse, Eier, Speck, aber auch Traubensaft, Wein und selbst gebrannter Schnaps werden im Ab-Hof-Laden verkauft.

〰

»Füttern bedeutet Geben« Die Tiere, die in der Mitte des Streckhofs untergebracht sind, züchtet Ambros Steindl vor allem für den Heurigen und auch den Eigenbedarf. Rund 20 Schweine der Rassen Deutsche Landrasse und Pietrain hält er derzeit. Jeden Monat wird ein Tier, das mindestens ein Dreivierteljahr alt ist, für den Heurigenbetrieb geschlachtet – beim Fleischhauer. Die Verarbeitung übernimmt die Familie selbst.

»Früher hatten wir ja viel mehr Schweindl: 80, 90. Vor ein paar Jahren hab ich überlegt, ob ich ganz damit aufhöre oder den Bestand stark reduziere«, sagt er, mittlerweile bei den Ställen angekommen. »Warum ich mich für die Schweine entschieden hab, hat auch mit den Kindern zu tun. Füttern bedeutet Geben, das finde ich schön.« Es sei aber nicht immer leicht, den richtigen Abstand zu den Tieren zu finden. Immerhin kommt für jedes der Tag, an dem man es zum Schlachthof bringen muss. »Einmal hatten wir eine schwierige Geburt, die Zuchtsau und die Ferkel wären fast gestorben. Ich hab eines gestreichelt und mich gekümmert. Mein Vater hat damals gesagt: ›Ist eh gut, was du machst, aber pass auf.‹«

Drei Monate, drei Wochen und drei Tage dauert es, bis die Zuchtsau nach der Paarung ihre Jungen auf die Welt bringt. »Das ist immer so.« Wichtig sei, dass die Schweine genug zum Spielen haben, viel Stroh, etwas, worin sie wühlen können. Zu viel darf es aber nicht sein. »Ich hab als Kind einmal zu viel Stroh nach der Geburt reingetan, ein Ferkel hat sich darin versteckt und die Zuchtsau hat sich draufgelegt. Das hatte keine Chance mehr.«

⌄⌄⌄

Drei Generationen in einem Haus Steindl selbst ist es heute wichtig, dass seine Kinder so aufwachsen. »Was auch immer sie dann machen.« Den Sohn, das ältere der beiden Kinder, nimmt er gerne mit, wenn er mit dem Traktor auf die Felder fährt. »Wenn Zeit ist, dass man stehen bleibt, sich in eine Furche setzt und einen Regenwurm wieder eingräbt oder einfach mit einem Stü-

ckerl Holz in der Erde stierdlt …«. Er packt eine Heugabel und hievt ein bisschen Stroh zu den Schweinen. In dem Moment kommt seine Mutter vorbei, schüttelt den Kopf, murmelt: »Warum nimmst du nicht die Scheibtruhe? Du machst ja den Hof dreckig«, und geht weiter. Die Art, wie sie es sagt, und das Schmunzeln, das es ihm dabei entlockt, macht deutlich, dass sie das nicht zum ersten Mal tut. Auch das gehört wohl zu einem Familienbetrieb dazu.

Weiter geht es vorbei an Hühnern, Truthähnen, Enten und Hasen, die alle vorwiegend für den Eigenbedarf gehalten werden. »Die Hühner und die Hasen sind ein Hobby meiner Eltern. Das ist eh gut, aber sie verwüsten manchmal den ganzen Hof.« Vor einer alten Scheune wird es ihm kurz ein bisschen unangenehm. Ein längst nicht mehr fahrtüchtiges Auto steht hier neben einer Sammlung von kaputten Scheibtruhen, Holzlatten und allerlei Dingen, die sich als Gerümpel zusammenfassen lassen. »Mein Vater ist ein alter

burgunder, Chardonnay und Zweigelt wachsen auf den 2,8 Hektar großen Weingärten der Familie. Neu dazugekommen ist erst kürzlich der Müller-Thurgau. Genauso wie die Bienenstöcke, mit denen seine Schwester vor ein paar Jahren begonnen hat. Die Arbeit gehe der ganzen Familie also nie aus. »Und das ist auch gut so«, sagt Steindl – und lacht.

Die Weinpresse als Familienerbstück Nun sind wir am Ende des Hofes angelangt. Hier stehen ein paar Traktoren vor dem alten Stall, in dem einige Pferde und ein Pony namens Primadonna untergebracht sind. Danach ist wieder ein Hoftor, das zur Clessgasse führt. Doch am Ende des Hofes ist die Arbeit für die Familie Steindl noch lange nicht getan. Ein paar Minuten die mit Steinen gepflasterte Gasse entlang, sind wir im alten Presshaus (→ Bild S. 26) angelangt. Steindl hat es erst vor ein paar Jahren komplett abgerissen – der desolate Zustand erlaubte das trotz Schutzzone –, um es dann originalgetreu wieder aufzubauen. Einmal im Monat lädt die Familie hier zur Buschenschank. So gut wie alles, was hier verkauft wird, stammt aus Eigenproduktion: der Beinschinken, die Blunzen, die faschierten Laberl, die Mehlspeisen und Aufstriche, der Wein sowieso. Im Garten des Presshauses steht die alte Weinpresse, auf der zwei Jahreszahlen eingeritzt wurden. 1790, als sie erbaut wurde, und 1889, als sie renoviert wurde. »Der hintere Teil war leider kaputt, den habe ich gemeinsam mit einem Tischler neu gebaut.« Auch dort wird eine Jahreszahl eingeritzt werden: 2017.

Sammler. Man weiß ja nie, wofür man es brauchen kann«, erklärt er und bittet in den Weinkeller. Mitten im Hof führen ein paar Stufen in das kühle, alte Gewölbe. Wie alt der sei, kann er nicht mehr sagen. »Sehr alt, mehr weiß ich nicht.« Wobei ein Teil davon recht jung ist, den hat Steindl selbst gemauert. Mittlerweile hat er auch ein paar Leitungen verlegt, in denen Brunnenwasser fließt, um den Inhalt der Fässer zu kühlen. »Die sind für die gezielte Gärung und Kühlung und auch eine Reaktion auf die Außentemperaturen der letzten Jahre.«

16 Grad habe es im Sommer in dem Keller, früher waren es weniger. Im Winter sind es rund acht Grad. Während sich Steindls Schwester auf den Heurigen konzentriert, machen sie den Wein nach wie vor gemeinsam. Drei verschiedene Varianten vom Gemischten Satz (→ S. 126) reifen hier. »Einer mit drei, einer mit vier und einer mit acht oder neun Sorten, das ist der älteste.« Auch Riesling, Welschriesling, Grüner Veltliner, Weiß-

Kürbis mit Feta

ZUTATEN

1 Kürbis (Hokkaido oder Butternuss)
1 rote Zwiebel
1 weiße Zwiebel
250 g Feta
Olivenöl
etwas Thymian
Salz

ZUBEREITUNG

> Den Kürbis entkernen (Butternuss außerdem schälen), in mundgerechte Stücke schneiden und auf ein Backblech geben. Zwiebeln schälen und in feine Ringe schneiden.

> Feta in Würfel schneiden und gemeinsam mit roten und weißen Zwiebelringen zu den Kürbisstücken auf das Backblech geben. Mit Olivenöl beträufeln, mit Thymian und Salz würzen.

> Bei 180–200 °C im Backrohr ca. 40 Minuten braten, bis der Kürbis weich ist.

Biohof Steindl

Ambros Steindl
Stammersdorfer Straße 67, 1210 Wien

ambrossteindl.wordpress.com
ambros.steindl@gmx.at
Tel.: 01 2907819
AB-HOF-VERKAUF: Donnerstag bis Samstag 8–12 Uhr
(und nach telefonischer Vereinbarung)
HEURIGER PRESSHAUS: Maria Hofbauer-Steindl,
Clessgasse 63, 1210 Wien
AUSSTECKTERMINE: presshaus.wordpress.com

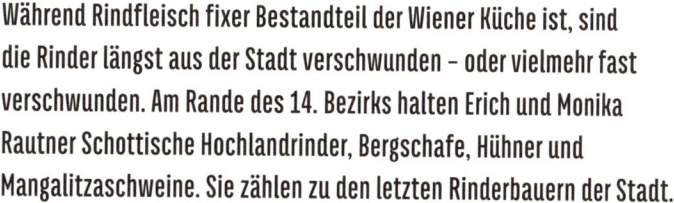

Familie Rautner

Der Bauer an der Grenze

Während Rindfleisch fixer Bestandteil der Wiener Küche ist, sind die Rinder längst aus der Stadt verschwunden – oder vielmehr fast verschwunden. Am Rande des 14. Bezirks halten Erich und Monika Rautner Schottische Hochlandrinder, Bergschafe, Hühner und Mangalitzaschweine. Sie zählen zu den letzten Rinderbauern der Stadt.

Dafür, dass Rindfleisch in der Wiener Küche einen besonderen Stellenwert hat, gibt es verdächtig wenige Rinderbauern. Während früher Rinder zumindest in den äußeren Bezirken der Stadt üblich waren, muss man sie heute lange suchen. Doch hier, im letzten Winkel des 14. Bezirks, gibt es noch einen solchen selten gewordenen Betrieb. Monika und Erich Rautner halten im Nebenerwerb direkt an der Grenze ein paar Tiere: rund zwölf Schottische Hochlandrinder, an die 30 Schafe, ein knappes Dutzend Mangalitza- und Durocschweine sowie einige Enten und Hühner.

Will man Familie Rautner besuchen – was sich drei bis vier Mal im Jahr bei den Ab-Hof-Tagen anbietet –, lässt man die Baumschule Mauerbach und die Hohe-Wand-Wiese hinter sich, um dann von der Mauerbachstraße kurz nach der Wiener Stadtgrenze rechts abzubiegen. Dort schlängelt sich die Straße den Steinbach entlang, der die beiden Bundesländer trennt. Beim Wiesenweg angelangt, kann man sein Auto in Niederösterreich abstellen, um dann über den Steinbach wieder zurück nach Wien zu Familie Rautner zu gehen, die hier gemeinsam mit dem Federvieh und ihrem Border Collie Taff lebt. »Die Rinder sind in Niederösterreich, die Schafe auch, die Schweine und der Stall sind wieder in Wien«, erklärt Erich Rautner. Denn auch die Tiere leben entlang des schmalen Steinbachs.

⌄

Schottische Hochlandrinder in Mauerbach Herr Rautner hat die kleine Landwirtschaft von seinem Vater übernommen, auch der hat sie im

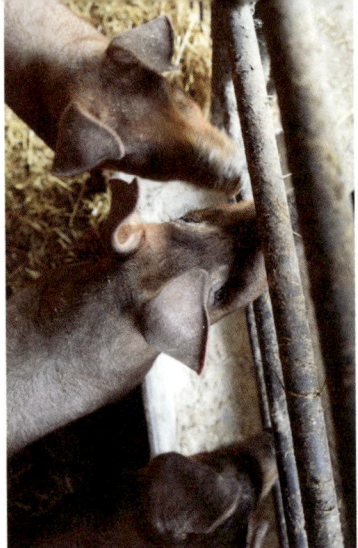

Nebenerwerb geführt. Er kann sich noch gut an seine Kindheit erinnern, vier oder fünf Bauern seien es damals im Ort gewesen. Heute ist er der einzige in der Gegend. Der Vater habe noch einen weitaus größeren Tierbestand gehabt, mit Schweinen, Pferden, Kühen und Ziegen. »Seit 40 Jahren machen wir das jetzt nebenbei«, rechnet Monika Rautner nach. Als ihr Mann, der bei den Wiener Linien als Straßenbahnfahrer gearbeitet hatte, in Pension ging, waren es nur noch zwei Kühe, ein Stier und ein Kalb zum Schlachten. »Damit wir wissen, was wir essen. Das war eigentlich immer der Grundgedanke dafür, dass wir Bauern sind.« In der Pension wurden es dann doch wieder ein paar Tiere mehr. »Ich muss ja was tun«, meint Erich Rautner. 2011 entdeckte er die Schottischen Hochlandrinder für sich, die sich in dem steilen Waldstück, auf dem sie weiden, sichtlich wohl fühlen. Ob der Sohn den Betrieb so weiterführen wird, ist noch offen. »Wir versuchen aber schon, es ihm schmackhaft zu machen«, gesteht der Vater. Weil er selbst sich mit seinem kaputten Kreuz – das jahrelange Straßenbahnfahren hat Spuren hinterlassen – dann doch manchmal schwertut, hat er mit der Rinderzucht aufgehört. Jetzt werden Jungtiere, meist aus Oberösterreich, zugekauft, die dann mindestens drei Jahre hier leben dürfen.

Rautner bittet uns in seinen Pick-up, der mit dem Aufdruck »Bauernschmankerl« beklebt ist, und fährt die Steinbachstraße entlang zu den Tieren. Die kennen das Auto schon genau. Zuerst machen wir bei den Schottischen Hochlandrindern halt. Sie sind ein bisschen skeptisch, da am Vortag zwei Rinder abgeholt wurden, um zum Schlachthof gebracht zu werden. Es sei nicht einfach gewesen, sie in den Anhänger zu bringen,

Erich Rautner schaut jeden Tag mindestens zwei Mal nach den Tieren. »Ich muss sie jeden Tag füttern, sonst haben sie keinen Bezug.« Die anfängliche Skepsis ist längst weg. Sobald die Rinder den Kübel mit frischem Kukuruz entdeckt haben, kommen sie schon zum Zaun. Beobachtet man sie beim Fressen, ist schnell klar, wer hier die Rangobersten sind. »Die zwei Chefs haben wir ja gestern weggebracht, jetzt übernehmen das die zwei Kühe.« Die kleinsten Tiere sind vier Monate alt, die ältesten acht Jahre. Frühestens mit drei Jahren werden die Rinder geschlachtet. Ein achtjähriges Tier werde eher für die Suppe oder Wurst verwendet. Unlängst haben die Rautners aber ein sechsjähriges Rind verarbeitet. »Da hat man nix gemerkt, das war ein gutes Fleisch«, meint Monika Rautner. Ihnen beiden ist es wichtig, dass die Tiere Zeit zum Wachsen haben. Von Hochleistungsschweinen, die innerhalb kürzester Zeit möglichst viel Fleisch anlegen müssen, halten sie nichts. »Da legt man das Fleisch in die Pfanne und dann ist nur noch die Hälfte da, das

erzählt Rautner. Ihm wäre es viel lieber, wenn er die Tiere auf der Weide schießen dürfte. »Ich seh das nicht ein, so ist das nur ein Stress für die Viecher – sie müssen 20 Kilometer fahren.« Dort ist nämlich der nächste Schlachthof, der den EU-Richtlinien entspricht. Der kleine Betrieb in Mauerbach, bei dem er früher schlachten ließ, hat längst aufgehört.

passiert bei unserem Fleisch nicht«, ärgert sich Herr Rautner.

Bevor wir weiter zu den Schafen und Schweinen aufbrechen, hält er noch nach einem Jungtier Ausschau. »Mit dem muss ich mich anfreunden, den brauch ich, der wird bald kastriert.« Namen haben die Tiere nicht, früher hatten sie einmal welche, aber er habe damit aufgehört.

⌄⌄⌄

Lammleberkäse für den Adventmarkt Nach einem kurzen Spaziergang sind wir bei den Schafen angelangt. Sie hört man schon von Weitem, auch sie haben ihren Herrn längst erkannt. »Die schwarzen sind Bergschafe, die weißen Merinos und der Bock ist ein Ile de France, der ist der Chef.« Früher wurde die Wolle der Merinoschafe auch verkauft, heute zahlt sich das nicht mehr aus. »Da müsste ich nach Oberösterreich fahren, da kostet mich der Diesel mehr, als ich für die Wolle krieg.« Die ältere Frau aus der Nachbar-

schaft, die einst die Wolle gesponnen hat, macht das längst nicht mehr. Heute dienen die Schafe nur mehr der Fleischproduktion. Für den Adventmarkt im Ort macht Rautner hin und wieder Lammleberkäse.

Vis-à-vis von den Schafen, über den Steinbach und somit wieder in Wien, leben die Schweine. Neun Stück der Rassen Mangalitza (→ S. 24) und Duroc sind hier in einem halboffenen Stall untergebracht. Die Jungen sind extrem neugierig und stecken ihre Rüssel durch den Zaun. In einem Gehege sind vier wollige junge Mangalitzaschweine untergebracht. Das kleinste hat Herr Rautner vom Züchter geschenkt bekommen. »Ich hab die drei gekauft und er hat gemeint, das ist so klein, wer weiß, ob das was wird, also hat er es mir geschenkt.« Jetzt ist es schon gut gewachsen. Früher war es aber so schmal, dass es problemlos zwischen den Stäben des Zauns durchkonnte. Wirklich entkommen konnte es nicht, immerhin ist das Areal, in dem auch Holz gelagert oder der kleine Fuhrpark

untergebracht ist, zusätzlich eingezäunt. Wenn das kleine Ferkel den Bauern bei seiner Expedition erblickt hat, ist es aber wieder ganz schnell zurück zum Stall gelaufen. »Am Schluss war es schon so dick, dass es fast nicht mehr durch die Gitterstäbe durchgekommen ist«, erinnert sich Erich Rautner. Er schmunzelt und nimmt einen großen Papiersack zur Hand. Darin befindet sich altes Brot vom Bäcker, das er den Schweinen verfüttert. Der Bäcker bekommt dafür Speck. »Da sind manchmal gute Sachen drinnen, eine Vanillegolatsche zum Beispiel«, sagt er, fischt ebendiese heraus und wirft sie zum großen Zuchteber.

Während die Rinder zwei Mal im Jahr geschlachtet werden, ist das bei den Schweinen und Schafen recht unterschiedlich. Kurz vor Ostern und Weihnachten wird aber meist vermehrt geschlachtet. »Mangalitzafleisch ist ein bisschen wie Wild, es ist sehr dunkel, hat aber viel Fett, das verwende ich hauptsächlich für den Speck«, erklärt er. »Das Duroc ist mehr marmoriert,

das Karree ist nicht so trocken wie beim Hausschwein.«

Für den Speck kommt das Fleisch drei Wochen in eine Sur aus Pökelsalz, Knoblauch und Gewürzen – »ein Geheimrezept«. Danach wird der Speck drei bis vier Wochen in der Selchkammer mit Buchensägespänen und kaltem Rauch geräuchert. Auch Blunzen, Brat- und Brühwürstel macht Rautner selbst. Mehr darf er nicht, weil es die Behörden nicht erlauben. Er habe schon manchmal überlegt, wegen der Bürokratie alles hinzuschmeißen. Oder wegen der Wildschweine, die ihm seine Futterwiesen immer wieder komplett zerstören. »Der Förster kommt da nicht mehr nach.« In Niederösterreich habe man es als Bauer leichter, ist er überzeugt. »Weil die viel mehr sind, die Pacht ist auch nicht so hoch, und es gibt auch mehr Entschädigungen, zum Beispiel bei Wildschäden.« Nach Niederösterreich wechseln würde er trotzdem nicht. Da bleibe er lieber ein Wiener Rinderbauer – wenn auch einer der letzten.

Filz- oder Schmerstrudel

ZUTATEN

400 g enthäuteter Filz, fein faschiert
160 g glattes Mehl

Strudelteig:
260 g glattes Mehl
2 Dotter
1 Spritzer Essig
⅛ l Most oder Wein

Ribiselmarmelade für die Fülle
Staubzucker

ZUBEREITUNG

> Zutaten für den Strudelteig zu einem glatten Teig schlagen.
> Fein faschierten Filz mit Mehl zu einem Ziegel formen.
> Strudelteig auswalken, Ziegel in den Teig einschlagen und ca. 30 Minuten rasten lassen. Mit dem Nudelwalker ausschlagen und ausrollen, vier Mal zusammenlegen (wie bei Blätterteig), wieder kühl rasten lassen. Das Ganze drei bis vier Mal wiederholen.
> Dann den Strudel erneut auswalken, mit Ribiselmarmelade füllen, zusammenrollen und bei 200 °C 20–30 Minuten (Ober- und Unterhitze) backen. Sofort zuckern.

TIPP

Bauchfilz oder Schmer ist das Fettgewebe des Schweins in der Bauchhöhle.

Familie Rautner

Monika & Erich Rautner
Wiesenweg 11, 1140 Wien

www.rautner-bauer.at
kontakt@rautner-bauer.at
Tel.: 0699 11082243
AB-HOF-TAGE: 3–4 Mal im Jahr, Termine siehe Website; Frischfleisch gegen Vorbestellung

Blün

Die Kreislaufwirtschaft

Dass moderne Landwirtschaft auch sehr platzsparend sein kann, zeigen vier junge Wiener Land- und Betriebswirte. Sie kultivieren unter dem Namen Blün Wiener Fische und Gemüse in einem Kreislauf. Aquaponic nennt sich das nachhaltige System, bei dem Gemüse mit Fischdünger versorgt wird.

Der Fisch und die Wiener haben ein meist schwieriges Verhältnis. Natürlich, es gibt die Hartgesottenen, die selbst im Donaukanal angeln. Aber Fisch aus Wien ist – zumindest im großen Stil – kaum zu finden. Vielleicht liegt das auch an der Angst der Österreicher vor den Gräten, aber das ist eine andere Geschichte. Dass Fische in Wien aber sehr gut leben können, haben nun vier junge Land- und Betriebswirte bewiesen, die 2016 mit einer nachhaltigen, für die Stadt eigentlich wie gemachten Wirtschaftsweise begonnen haben: Aquaponic. Kurz zusammengefasst werden dabei Fisch- und Gemüseproduktion in einen Kreislauf zusam-

mengeschlossen, das Gemüse wird mit Wasser aus dem Fischbecken, das zuvor durch einen Biofilter läuft, gedüngt.

Diese Kreislaufwirtschaft wird seit einigen Jahren international in immer mehr Städten als vielversprechende nachhaltige Wirtschaftsweise entdeckt. »Es gibt auch schon in Österreich mehrere Projekte in die Richtung, aber wir sind der erste kommerzielle Aquaponic-Betrieb«, sagt dazu Michael Berlin. Er ist gemeinsam mit Bernhard Zehetbauer Geschäftsführer der Fertigrasenfirma Zehetbauer im Marchfeld, die auch im Gemüsebau tätig ist. Vor Kurzem kam ein Bio-Betrieb dazu. Die beiden waren aber zusätzlich auf der Suche nach einer anderen Form der unabhängigen Landwirtschaft, »bei der man in einem Kreislauf denkt und arbeitet«, wie Berlin meint. Also seien sie recht schnell auf Aquaponic gestoßen. Davon haben sie auch ihrem Gemüsebauberater Gregor Hofmann erzählt, und der wiederum hat gemeint: Lustig, er habe sich erst

kürzlich mit einem Gärtner unterhalten, der sich auch dafür interessiere. Der mittlerweile Vierte im Bunde ist der besagte Gärtner, Stefan Bauer, bei dem nun produziert wird.

〰

Barsch und Wels Eine neue Anlage inklusive Glashaus zu bauen, wäre weit teurer gekommen, als sich in einem bestehenden Betrieb einzumieten. Also gründeten die vier Herren – anfangs war auch noch ein fünfter, nämlich Manfred Mautner Markhof, dabei – im Jahr 2016 die Firma Blün und mieteten diese bei Stefan Bauers Gärtnerei in Essling ein. Auf 600 Quadratmetern im insgesamt fünf Hektar großen Glashaus werden nun Wiener Fische und Gemüse kultiviert.

»Die Wirtschaftsweise einer Gärtnerei ist ähnlich wie bei Fischen«, sagt Berlin. »Das Werkl läuft sieben Tage die Woche, 24 Stunden. Wenn nur für ein paar Stunden ein Fehler passiert, kann das eine Katastrophe sein. Bei den Fischen ist das auch so. Man braucht das Bewusstsein dafür. Es ist gut, dass dieses Denken in einer Gärtnerei schon da ist.«

Auf zwei Fischarten haben sich die Blün-Betreiber vorerst geeinigt: Barsch und Wels. Man stehe aber erst am Anfang, es können durchaus weitere Arten dazukommen. Die beiden Schwarmfischarten sind für die Haltung im Becken geeignet. Dadurch wird die Trockenzeit simuliert, in der sich die Fische generell zusammenrotten und ruhiger werden. Die Besatzdichte darf nicht zu hoch sein, damit sich die Tiere wohl fühlen. Zu gering darf sie aber auch nicht sein, sonst werden die Fische territorial, was sie eher stresst. Jedes Kilogramm Fisch komme so

auf zehn bis 20 Liter Wasser. Oder anders gerechnet: Der Wels hat somit eine Besatzdichte von maximal 300 Kilogramm pro Kubikmeter. »Das liegt unter den Empfehlungen des WWF«, sagt Zehetbauer. Beim Barsch ist es noch ein bisschen weniger, da liegt die Besatzdichte bei höchstens 100 Kilogramm pro Kubikmeter.

Bevor man die Anlage mit den Barschen betritt, müssen Schuhe und Hände desinfiziert werden. 15 Becken in unterschiedlichen Größen sind hier aufgestellt, in der Mitte steht das Herzstück: die große Bio-Filteranlage, die das Wasser für die Pflanzen aufbereitet. Während die Welse aus dem Burgenland stammen, wird der Barsch von einem Züchter aus Holland zugekauft. Nur 0,5 Gramm schwer sind Letztere, wenn sie in die Anlage kommen. Dann geht es zuerst einmal für rund sechs Wochen ins sogenannte Babybecken. Haben sie ein Gewicht von 15 Gramm erreicht, kommen sie in das »Jugendbecken«, dort leben sie etwa zwei Monate. Weitere sechs Monate verbringen sie im Mastbecken. Nach neun Monaten und mit einem Gewicht von 500 Gramm werden sie geschlachtet.

Gefüttert wird mit einer Mischung aus biologischem und konventionellem Futter, das zu 30 Prozent aus Fischmehl und aus pflanzlichen Proteinen besteht. Mehrmals am Tag wird in unregelmäßigen Abständen über einen Futterautomat gefüttert. »Das ist total unterschiedlich, momentan bin ich auf 20 Mal pro Tag, nächste Woche können es aber auch 40 oder nur 15 Mal sein«, erklärt Philipp Filzwieser. Er ist Gewässerökologe und der einzige Angestellte des Betriebs.

〰

Bernhard Zehetbauer und Michael Berlin vor einem Becken mit Barschen (von links)

INFO-BOX

Wien und die Fische

Im Mittelalter wurde in Wien wesentlich mehr Fisch verzehrt als heute. Das lag nicht nur an der strengen Auslegung der Fastenzeit, sondern auch an der Verfügbarkeit. Selbst im Wiener Stadtgraben, dem Graben bei der Befestigungsmauer rund um die heutige Innenstadt, wurde zwischen 1530 und 1737 gefischt. Fischfang hatte in der Stadt einen hohen Stellenwert, was auch an vielen Privilegien der Fischhändler deutlich wurde – etwa in Form von mautfreiem Fischhandel auf der Donau unter Ferdinand I. Fisch und auch Krebse standen früher sehr häufig auf dem Speiseplan, vor allem Letztere waren deshalb alles andere als eine seltene Delikatesse.

Mit der Regulierung der Donau um die Wende vom 19. ins 20. Jahrhundert ging das Angebot an Süßwasserfischen in Wien massiv zurück. Stattdessen wurden vermehrt Meeresfische auf den Märkten angeboten.

45

Wiener Hochquellwasser Das Wichtigste aber ist das Wiener Hochquellwasser, das bekanntlich aus Quellen im Rax- und Schneeberggebiet sowie in der Steiermark stammt. Täglich kommen etwa zehn Prozent frisches Wasser dazu. Im unteren Bereich des Beckens wird wiederum Wasser abgepumpt, das zuerst in einen Feststofffilter gelangt und dann im großen Bio-Filter gereinigt wird. »Hier wird Ammonium in Nitrit und Nitrat umgewandelt, das ist wichtig«, erklärt Berlin. Das so gefilterte Wasser geht dann verdünnt weiter Richtung Gemüseproduktion. Die ersten paar Reihen des großen Gewächshauses der Gärtnerei werden also mit den Ausscheidungen der Fische gedüngt. »Wir wurden schon gefragt, ob das Gemüse dann nach Fisch schmeckt, aber nein, geschmacklich merkt man da natürlich keine Unterschiede«, meint Zehetbauer und schmunzelt angesichts der Vorstellung.

Während im ersten Raum, in dem an die 8000 bis 9000 Barsche leben, munter geplaudert werden kann, ist das bei den Welsen ein bisschen anders. Die sind in einem eigenen Container untergebracht, weil sie es dunkel und ruhig brauchen. Sie sind wesentlich gefräßiger und erreichen schon innerhalb von sechs Monaten ihr Schlachtgewicht, das bei ihnen allerdings bei 1,3 Kilogramm liegt. Man muss schon genau schauen, um bei den dunklen Welsbecken die langen Bartfäden zu sehen, die manchmal aus der Wasseroberfläche hervorblitzen. Michael Berlin leuchtet kurz mit einer Taschenlampe ins Becken, deutet dann aber den Rückzug an. Er will die Fische nicht unnötig stressen. Den Filter in der Welsanlage vergleicht Zehetbauer mit einem Ferrari. »Der Unterschied ist die Größe. Der Filter bei den Barschen ist sicher 40 Kubikmeter groß, da läuft das Wasser über tausende Einsätze, und die Bakterien und Algen haben Zeit, es zu reinigen.« Bei den Welsen hingegen hat der Filter wesentlich weniger Platz, weshalb die Technik komplizierter ist.

Verkauft werden die Fische ebenso wie das Gemüse ab Hof, über ein paar Märkte und Geschäfte (Meinl am Graben, Kutschkermarkt) sowie an die Gastronomie. Während die Barsche im Ganzen angeboten werden, gibt es den Wels als Filet. Die jüngste Anschaffung ist ein eigener Räucherofen (die Einschulung dafür übernahm der mobile Fischräucherer Peter Smejkal, → S. 48). 13 Tonnen Fisch und rund zehn Tonnen Gemüse sollen pro Jahr produziert werden. »Das Tolle beim Fisch ist auch, dass man aus einem Kilogramm Futter fast ein Kilo Fleisch bekommt. Beim Rind braucht man dafür bis zu zwölf Kilogramm«, fasst Michael Berlin zusammen. Auch einen Online-Shop wird es bald geben. Aber sie wollen ihren Fisch gar nicht allzu weit verkaufen: »Wir wollen in Wien für die Wiener produzieren.«

Blün

Schafflerhofstraße 156, 1220 Wien

www.bluen.at
info@bluen.at
Tel.: 01 7741333
AB-HOF-VERKAUF: Donnerstag und Freitag 9–17 Uhr; weitere Bezugsquellen auf der Website

Wiener Barsch natur

ZUTATEN

frischer Wiener Barsch
Kräuter und Gewürze nach Geschmack
Salz & Pfeffer
etwas Mehl
Olivenöl

ZUBEREITUNG

> Barsch waschen und trocken tupfen. Nach Belieben würzen und in etwas Mehl wenden.

> In heißem Olivenöl beidseitig anbraten (ca. 10 Minuten).

> Danach auf ein Backblech legen und im Backrohr bei 160 °C ca. 30 Minuten fertig braten.

Der mobile Fischräucherer

Während Fische in Wien eher selten gezüchtet werden, gibt es mehrere Betriebe, die sich auf die Veredelung spezialisiert haben. Peter Smejkal zum Beispiel hat sein Hobby zum Beruf gemacht: Er räuchert in mobilen Öfen Forellen, Saiblinge, aber auch Doraden, Butterfische und Lachs.

Manchmal braucht es nicht viel, um eine Spezialität herzustellen. Einen Räucherofen etwa, ein paar Holzscheite, Fische, Gewürze – und ein Feuerzeug oder ein paar Streichhölzer. Das ist Peter Smejkals Arbeitsausstattung, die er immer dort aufstellt, wo er gerade gebraucht wird. Insgesamt vier Räucheröfen hat er, mit denen er bei Veranstaltungen, Privatfeiern oder auch bei Heurigen und auf Märkten (etwa in den Blumengärten Hirschstetten) unterwegs ist. Smejkal ist eigentlich Steuerprüfer bei der Stadt Wien, mittlerweile ist er aber karenziert und hat sein Hobby, das Fischräuchern, zum Beruf gemacht.

Die heimischen Fische bezieht er aus Niederösterreich, Oberösterreich und der Steiermark. Aber auch Meeresfische kommen in den Räucherofen, zum Beispiel Butterfisch. »Der ist nicht mehr heimisch, seit 1918 haben wir ja kein Meer mehr«, sagt er und lacht. »Die Leute fragen mich oft, ob ich die Fische auch selbst fange. Da muss ich immer sagen: Das würde ich sehr gern, vor allem den Lachs aus Schottland, aber da würde ich ein zeitliches Problem bekommen – und eines mit meiner Frau.«

Seit fünf Jahren hat er sein Ein-Mann-Unternehmen namens Räucherfischpeter. Mittlerweile laufe das Geschäft so gut, dass er expandieren könnte. Er tut es aber nicht. »Dann würde es mir keinen Spaß mehr machen. Ich müsste investieren, neue Öfen kaufen, ein neues Auto und mit Fremdpersonal arbeiten, das möchte ich nicht.« Natürlich, reich werde er damit nicht. »Es geht sich fast aus, dass man schön leben kann. Oder sagen wir so: Ich kann mir den Beruf leisten. Ich habe mir vorher etwas auf die Seite gelegt, und es ist eine unglaubliche Lebensqualität, wenn man sein Hobby zum Beruf macht.«

49

Räuchern mit Buchenholzscheiten oder alten Weinstöcken

Smejkal ist stolz darauf, dass er »so wie früher« räuchert – ohne technische Hilfen und schlicht mit Holz. Er verwendet vorwiegend Buchenholzscheite, manchmal auch Obstholz, Kirsche oder Apfel, und hin und wieder alte Weinstöcke. »Ganz leicht merkt man das schon beim Aroma.« Nur Nadelhölzer darf er nicht verwenden, da würde der Fisch durch die harzige Note bitter werden. Die Fische selbst kommen vor dem Räuchern für etwa zwölf Stunden in eine Salzsur. Danach werden sie abgewaschen, gewürzt und in den Ofen gelegt, für rund zwei Stunden bei 100 Grad. »Räuchern kann man eigentlich jeden Fisch, der Fettgehalt ist wichtig. Nur der Zander eignet sich nicht so sehr, der wird schnell trocken.« Meistens verwendet er schottischen Lachs, Butterfisch, Dorade, Wels, Hecht, Saibling und Forelle.

Es freut ihn, dass zu seinen Kunden mittlerweile auch immer mehr Jüngere zählen. »Früher waren vor allem die Pensionisten da, die das aus ihrer Jugend kennen.« Heute aber sind mobile Essensausgaben wieder sehr modern – nur nennt man sie jetzt eben Food Trucks.

Räucherfischpeter

Peter Smejkal

raeucherfischpeter@gmx.at
Tel.: 0699 17279111
Facebook: Räucherfischpeter

Tipp

Ein geräucherter Fisch ist etwa zehn Tage haltbar. Wer ihn daheim im Kühlschrank lagern möchte, sollte das in Butterbrotpapier tun (nicht in Plastiksäcken oder -geschirr). Wer ihn daheim warm essen möchte: Einfach bei 120 °C 4–5 Minuten im Backrohr wärmen. Dazu passen Petersilerdäpfel und Blattsalat. Smejkal serviert seine Räucherfische klassisch mit Oberskren und Brot.

Gugumuck
Wiener Schneckenmanufaktur

Die Schnecken-
Erlebniswelt

Die Weinbergschnecke hat in Wien eine lange Tradition. Andreas Gugumuck arbeitet daran, diese wieder in Erinnerung zu rufen. Während er sich in der Gastronomie und beim Export ins Ausland leichttut, hat er vor Ort immer noch mit einer gewissen Skepsis zu kämpfen.

Der Vergleich mag etwas zynisch wirken. Aber würde die Weinbergschnecke aus kulinarischer Sicht einen PR-Berater oder einen Manager brauchen, Andreas Gugumuck wäre der beste Mann dafür. Er ist nicht nur Wiens einziger Schneckenbauer – laut Wiener Landwirtschaftskammer hat er mit rund 300.000 Stück den größten Tierhaltungsbetrieb der Stadt. Gugumuck arbeitet auch stets daran, das Image seines Produkts aufzubessern – was angesichts einer gewissen Skepsis nicht gerade die leichteste Aufgabe zu sein scheint. Dafür beschäftigt er sich aber auch gerne mit der Geschichte der Schnecke oder den schönen Seiten des Schneckenlebens: Dass Weinbergschnecken etwa als Aphrodisiakum gelten, habe mit dem

rund zehnstündigen Liebesspiel der Zwitterwesen zu tun. Selbst der Wissenschaft ist er nicht abgeneigt, arbeitet er doch gemeinsam mit der Universität Wien an einem Projekt, bei dem die kosmetische Wirkung von Schneckenschleim analysiert wird. Und seit Kurzem ist er dabei, seine Produkte auf dem japanischen Markt zu etablieren.

»Die Schnecke ist leider ein bisschen in Verruf geraten. Bei uns sagt man immer noch, dass die Kräuterbutter das Beste daran ist, aber das stimmt überhaupt nicht«, meint Gugumuck, der stets mit Schieberkappe, Jeans, Hemd und Hosenträgern auftritt. Seit 2008 hält er Weinbergschnecken. Mittlerweile hat er die einstige Gärtnerei der Großeltern in Rothneusiedl zu einer regelrechten Schnecken-Erlebniswelt ausgebaut. Nicht nur, dass hier die Tiere auf einer großen Weide leben und täglich mit frischem Bio-Gemüse gefüttert werden, das im angrenzenden Garten wächst. Am Hof gibt es neben den Verarbeitungsräumen und dem »Winterlager« für die Schnecken einen kleinen Shop und ein Bistro. Regelmäßig werden Führungen, Workshops und Kochkurse angeboten. Mitten im Schneckengarten hat er erst kürzlich eine Art Buschenschank eröffnet, mit Food Truck und Terrasse, auf der eine Leinwand aufgebaut werden kann, für Public Viewing etwa.

Gugumuck ist einer der wenigen Bauern, die von der Stadtentwicklung profitieren. Während andere Wiener Landwirte neuen Wohnprojekten weichen müssen, hofft er auf mehr Kundschaft durch die U1-Verlängerung nach Oberlaa. Er kann es gar nicht oft genug erwähnen, dass man jetzt von seiner Schneckenfarm in nur 20 Minuten am Stephansplatz ist.

Vom Homo erectus bis zu den Schneckenweibern

Es ist ihm wichtig, seine (potenziellen) Kunden auf den Hof zu bekommen. Nur so lasse sich seine Arbeit erklären und auch die Hemmschwelle überwinden. Sein zweites Werkzeug, um die Schnecke wieder genauso beliebt zu machen, wie sie einmal war, ist die Gastronomie. Nicht nur, dass er viele Restaurants beliefert, er ruft gemeinsam mit ihnen auch zwei Mal im Jahr Schneckenwochen aus. Und im eigenen Bistro werden die Weinbergschnecken zu weit mehr als zur klassischen Vorspeise mit Kräuter- oder eben Orangen-Mandel-Butter verarbeitet. Etwa zu

einem Omelett mit gelbem Curry, zu geräucherten Schnecken mit saurem Hering und Avocado oder sogar zu einem Dessert – in Zuckerwasser gekocht und mit Pilzparfait, Süßholzkresse und Schokoladenerde verfeinert. »Schon die Goten haben Schnecken mit Honig genossen«, weiß Gugumuck.

Um zu erklären, wie stark Wien mit der Weinbergschnecke verbunden ist, muss der Schneckenzüchter sehr weit ausholen. Nicht nur bis zu den Mönchen, die sie als wichtige Fastenspeise etabliert haben, sondern noch ein großes Stück weiter zurück in der Geschichte der Menschheit. Er hat dazu ein Diagramm – in Form einer Schnecke natürlich – gezeichnet, in dem diese als Nahrungsmittel vor mehr als einer Million Jahren dargestellt wird. »Die Schnecke hat der Mensch schon immer gegessen. Schon der Homo erectus war darauf angewiesen, tierische Produkte zu essen, die er mit der Hand fangen konnte, also Krebse, Schnecken, Krusten- und Weichtiere. Das ist eine Urnahrung.« Er springt weiter über die Steinzeit zu den Römern, die Rezepte

und konkrete Vorstellungen hatten, womit man Schnecken mästen sollte (mit Most und Weizen nämlich). »Dann wurden sie zur Fastenspeise, weil die Mönche durch die Christianisierung des Alpenraums dazu gezwungen waren, 150 Tage zu fasten.« Pro Jahr, versteht sich. Die Mönche begannen also, Schnecken zu züchten und in der Küche einzusetzen. Sie waren eine leistbare Alternative zu Fisch, was ihnen aber bald das Image des Arme-Leute-Essens einbrachte. »Schnecken waren von Anfang an eine Fastenspeise, wie Frösche«, erzählt Gugumuck und zieht stolz ein historisches Kochbuch hervor. »Da gibt es ein eigenes Kapitel nur mit Schnecken, aber auch Rezepte für Krebse, Hummer, Austern, sogar Biber, alles Fastenspeisen.« Eine typische Fastenspeise aus dieser Zeit: in Bier- oder Weinteig gebackene Weinbergschnecken.

Und noch ein historisches Detail hat Gugumuck gefunden, das ihm bei seiner Mission, die kleinen Tiere populärer zu machen, behilflich ist: Wien sei gar die Metropole der Schnecken gewesen. Ab dem 18. Jahrhundert gab es auf dem Petersplatz einen eigenen Schneckenmarkt, auf dem sogenannte Schneckenweiber ihre Ware als »Wiener Austern« feilboten. Die feinen Herren nahmen indes in einem eigenen Schneckenbierhaus einen Imbiss zu sich. Franz Schubert und Franz Grillparzer sollen hier Stammgäste gewesen sein. In dieser Zeit wuchsen rund um Wien die Schneckenfarmen.

Schnecken statt Insekten Heute will Gugumuck die Schnecken als Future Food vermarkten, da sie für ihn eine weitaus nachhaltigere Eiweißalternative zu Fleisch sind als die derzeit viel diskutierten Insekten. Die Schlachtausbeute sei wesentlich höher als etwa bei Schweinen oder Rindern. »Für eine Tonne Muskelfleisch brauche ich 200.000 Schnecken im Jahr«, rechnet Gugumuck vor. Von einem (inklusive Haus) 20 Gramm schweren Tier bleiben also fünf Gramm Fleisch. Oder anders gerechnet: Bei Weinbergschnecken könne man mit 1,7 Kilogramm Futter ein

Kilogramm Fleisch herstellen. Bei einem Hochleistungsrind brauche man dafür etwa acht bis 14 Kilogramm Futter.

Die Saison startet bei Gugumuck im April. Da werden die Schnecken aus dem Winterschlaf, den sie in einem Keller halten, wieder zurück in die Wiese gesetzt. Hier sollen sie in erster Linie fressen – vor allem Mangold, Senf und »generell alles, was große Blätter hat« –, wachsen und sich vermehren. Geschützt wird das Gehege durch einen speziellen Schneckenzaun. Schnüre mit CDs, die in der Sonne schimmern, sollen Vögel abhalten. In Reihen werden Holzbretter schräg aufgestellt, unter die sich die Schnecken tagsüber verkriechen können, um zu schlafen. Zur Demonstration nimmt Gugumuck ein Brett, dreht es um, sodass die Sonne darauf scheint, und sehr, sehr langsam kommt Bewegung in die Schneckenansammlung. Es dauert, bis eine nach der anderen aufwacht, sich kurz orientiert und dann wieder auf die schattige Seite kriecht, um weiterzuschlafen.

Nach fünf Monaten werden die Schnecken bis auf ein paar Mutterschnecken »geerntet«, sprich eingesammelt und dann ausgehungert. Gugumuck spricht lieber davon, dass die Tiere ihren Darm entleeren. »Das klingt sonst immer so brutal. Aber die Schnecken entleeren auch im Winter ihren Darm.« Die Tiere fallen durch diese Diät also in eine Trockenstarre, die der Kältestarre im Winter ähnlich ist. In diesem Schlafstadium werden sie getötet, indem sie in kochendes Wasser gegeben und etwa zehn Minuten blanchiert werden. Mit Wasser und Salz wird das Muskelfleisch entschleimt. Danach werden sie in einem Gemüsesud über mehrere Stunden gegart und je nach Produkt weiterverarbeitet,

etwa zur Weinbergschnecke im Fond, als Ragout, im Erdäpfelgulasch oder mit Balsamicoessig. Auch Schneckenkaviar und -leber bietet Gugumuck an. Letztere wird einfach mit dem Eingeweidesack, der in der Spitze des Schneckenhauses sitzt, mit der blanchierten Schnecke aus dem Haus gezogen. Verkauft werden die verschiedenen Produkte in Gläsern im In- und Ausland, bis hin nach Japan. Dort seien Schnecken momentan »extrem hip«. In Wien, der einstigen Schneckenhauptstadt, ist es bis dahin noch ein weiter Weg.

Gugumuck – Wiener Schneckenmanufaktur

Andreas Gugumuck
Rosiwalgasse 44, 1100 Wien

www.gugumuck.at
office@gugumuck.at
Tel.: 0650 6185749
SHOP: Montag bis Freitag 8–16 Uhr,
bzw. www.gugumuck.at/shop
BISTRO: drei Freitage im Monat, nur 28 Sitzplätze (Reservierung erforderlich), regelmäßig spezielle Sechs-Gang-Menüs

Wiener Schneckenragout

REZEPT VON DOMINIK HAYDUCK
Für 4 Personen

ZUTATEN

3–4 mittelgroße Zwiebeln
Olivenöl
4 Knoblauchzehen
3 EL Salzkapern
5 Essiggurken
5 Sardellenfilets
⅛ l Weißwein
1 Glas Wiener Schnecken im Fond
1 Karotte
1 Gelbe Rübe
1 Pastinake
1 Zweig Rosmarin
1 Zweig Thymian
Maizena
Salz & Pfeffer

ZUBEREITUNG

> Die Zwiebeln schälen, fein hacken und in etwas Olivenöl goldbraun anrösten. Den geschälten Knoblauch sowie Salzkapern, Essiggurken und Sardellenfilets fein schneiden und mitrösten. Anschließend mit Weißwein ablöschen und kurz einkochen lassen. Mit 2 l Wasser auffüllen und leicht köcheln lassen.

> In der Zwischenzeit die Schnecken abseihen, den Fond ebenfalls zum Ansatz dazugeben. Die Schnecken grob zerkleinern.

> Das Wurzelgemüse (Karotte, Gelbe Rübe und Pastinake) waschen, schälen und in 1 x 1 cm große Würfel schneiden. Zusammen mit den Schnecken in den Topf geben und alles köcheln lassen, bis das Gemüse bissfest gegart ist.

> Rosmarin und Thymian zupfen, hacken und ebenfalls zum Ragout geben. Mit Salz und Pfeffer abschmecken. (Erst zum Schluss salzen, da die Salzkapern sehr salzig sind.) Anschließend mit Maizena und Wasser abziehen, bis eine sämige Konsistenz entsteht.

TIPP

Warm mit etwas Weißbrot oder Semmelknödeln servieren.

Bio-Feigenhof

Ein Kraftplatz voller Feigen

Einst wurden im Renaissancegarten von Schloss Neugebäude in Simmering die ersten Tulpen, der erste Flieder und auch die ersten Feigen Europas kultiviert. Heute knüpfen Ursula Kujal und Harald Thiesz mit ihrem Feigenhof an diese Tradition an.

Das Himmelreich ist schwer zu finden. Zumindest jenes in Simmering. Schuld daran ist Schloss Neugebäude, das von der Kaiserebersdorfer Straße aus die ganze Aufmerksamkeit auf sich zieht. Dann kann es schon einmal passieren, dass man das kleine Hinweisschild zum Feigenhof übersieht und mehrmals die Straße auf und ab fährt. Hat man das Schild aber einmal entdeckt und festgestellt, dass es sich hier nicht um eine private Zufahrt handelt, sondern tatsächlich um die Adresse mit dem hübschen Namen »Am Himmelreich«, muss man nur noch bis zur Nummer 325 fahren. Dort angekommen, erscheint einem der Name des Gebiets passend. Statt des üblichen asphaltierten Parkplatzes vor einer Glashausfront erinnert hier alles an einen hübschen, verwachsenen Garten. Der Feigenhof, der sich ob seiner Wirtschaftsweise das Wörtchen »bio« vorangestellt hat, ist auch keine gewöhnliche Gärtnerei,

sondern das, was man eine Ruheoase – manche sagen Kraftplatz dazu – nennt.

Die geschlungenen Wege führen zuerst in einen netten Gastgarten. In dem Häuschen gibt es ein paar Sitzplätze für die Gäste und ein Ab-Hof-Geschäft. Zwischen Kisten mit Kürbissen, Zucchini und Weintrauben, Körben mit Brombeeren, einem alten Holzkasten, in dem Gläser mit unterschiedlichen Feigenmarmeladen, Senf und Chutneys gestapelt sind, und einem Piano, auf dem eine Kreidetafel Bio-Frizzante anpreist, sitzt Ursula Kujal. Sie nippt an einem Glas Wasser und wirkt ein bisschen erschöpft. Es ist Anfang August und damit Hochsaison im Feigenhof.

〰

Verschiedene Grüntöne Bevor sie aber über ihre Arbeit erzählt, bittet sie in den Garten zu einem schattigen Plätzchen. »Mein Lieblingsplatz.

Schauen Sie sich einmal die vielen verschiedenen Grüntöne an«, sagt Kujal, um dann gleich über die Energie des gesamten Platzes, auf dem sich die Gärtnerei befindet, zu schwärmen. Dass sie gelernte Gartenarchitektin ist, die sich viel mit Feng-Shui und Engergiearbeit beschäftigt, muss sie nicht lange erklären. Das wird deutlich, wenn sie über den Feigenhof spricht.

Den gibt es hier seit 2006. Das Schloss vis-à-vis schon wesentlich länger. Maximilian II. ließ es im 16. Jahrhundert als Lustschloss bauen, das vor allem für die Jagd und Feste genutzt werden sollte – mit einem hübschen Renaissancegarten inklusive. »Es gibt Plätze, an denen Menschen Energie auffangen können«, erklärt Kujal. »Das hier ist so ein Platz, weil wir in der Achse zum Schloss Neugebäude stehen. Kirchen und Schlösser stehen ja immer auf einem guten Platz, die Leute wussten das früher.« Mittlerweile hat sich die »zweite Hälfte« des Feigenhofs, Harald Thiesz, dazugesellt. Auch er ist ein Spezialist für Gartenbau, hat sich aber auf die Produktion

konzentriert. »Haralds Ideologie ist es, sehr ökologisch zu produzieren«, erklärt seine Lebens- und Geschäftspartnerin. Kennen gelernt haben sich die beiden beim Unterrichten in der Berufsschule für Gartenbau und Floristik in Kagran. Thiesz hatte den Platz, auf dem sich schon zuvor eine Gärtnerei befunden hat, bereits gepachtet. Nachdem sie ihn als Kraftplatz erkannt und er schon recht erfolgreich ein paar Feigen im Glashaus kultiviert hatte, wurde die erste Partie Feigenbäumchen aus Italien bestellt.

Granatapfelbäume und Rosenweihrauch Mittlerweile ist der Feigenhof gewachsen. Es gibt Sommer- und Herbstfeigen, jeweils im Glashaus sowie in Freilandkultur. Verkauft werden nicht nur die frischen Früchte, sondern auch Feigenbäume im Topf. »Bis jetzt haben sich rund 80 verschiedene Sorten angesammelt, im Verkauf haben wir zirka 20, 30«, erläutert Thiesz.

Feigen

Am Bio-Feigenhof in Simmering wachsen nur Feigen, die ohne Bestäubung Früchte bilden. Im Fachjargon nennt man das Parthenokarpie oder auch Jungfernfrüchtigkeit. »Das ist eine Grundvoraussetzung, die Bestäuberwespe gibt es bei uns nicht. In Südfrankreich kommt sie gerade noch vor«, erklärt Harald Thiesz. Auch winterhart müssen die Wiener Feigen sein. Und sie dürfen mit der Fruchtbildung nicht zu spät dran sein, damit die Früchte hierzulande reif werden.

Prinzipiell gibt es Sommer- und Herbstfeigen, sprich Feigensorten, die im Sommer oder im Herbst Früchte tragen. Manche von ihnen bieten beides, also zwei Mal im Jahr Früchte. Je nach Sorte werden die Feigen im Glashaus oder in Freiland kultiviert.

Reif ist eine Feige dann, wenn der Stiel weich wird und die Frucht nicht mehr steht, sondern herunterhängt. Wenn sich Risse auf der Schale bilden, ist das ebenso ein Indiz für Reife. Die Feigenernte dauert am Feigenhof dank der Sortenvielfalt von Mitte, Ende Juni bis Ende Oktober, Anfang November.

Weil so ein Feigenbaum, ähnlich wie Wein, ein paar Jahre braucht, bis er trägt, waren verschiedene Gemüsesorten und Kräuter von Anfang an fixer Bestandteil des Feigenhofes. Auch diese werden nicht nur im Ab-Hof-Laden verkauft, sondern ebenso in Töpfen in der Gärtnerei. Besonders gut gehen derzeit etwa winterharte Granatapfelbäume. Paradeiser- und Chilipflanzen sind ohnehin ein Dauerrenner, aber auch tropische Nutzpflanzen wie Aloe vera, Kurkuma, Kaffee, Rosenweihrauch oder indische Maulbeere und eine Reihe von Kräutern – vom Aztekischen Süßkraut über Griechisches Strauchbasilikum bis hin zu Zimmerknoblauch – haben die beiden im Angebot.

Das Hauptaugenmerk liegt aber auf den Feigen, wie ein Rundgang in den Glashäusern, die sich im hinteren Teil der Gärtnerei befinden, deutlich macht. Ein bisschen wirkt es hier wie in einem Urwald. Die Außentemperaturen im August kommen einem hier drinnen beinahe kühl vor. 40 Grad hat es schnell einmal. Interessant,

dass es trotz der Hitze unter besonders großen Feigenbäumen im Glashaus deutlich kühler ist.

Geerntet wird von frühmorgens bis kurz vor Mittag. Ab dann kann es nämlich für Erntehelfer gefährlich werden. Die Blätter wirken in Kombination mit der Sonne phototoxisch, was bei manchen Menschen zu einem roten Hautausschlag führen kann.

〰

Kleine Dalmatie oder Gersthofer Feige 180 Feigenbäume stehen in diesem Glashaus. »Im neuen Glashaus sind noch einmal 100 Bäume, und im Freiland haben wir zwischen 150 und 200. Insgesamt haben wir also gut 450 Feigenbäume ausgepflanzt«, rechnet Thiesz vor. Hätten sie nicht jeden Sommer ein paar Ferialpraktikanten, wäre die Arbeit nicht zu schaffen. 1,1 Hektar groß ist das Gelände. Vergrößern wolle man bewusst nicht. »Sonst könnten wir das gar nicht schaffen, ich möchte die Feigen auch gar nicht im Handel verkaufen. Das geht nicht, sie müssen frisch geerntet werden«, meint Kujal. Außerdem ist es ihr wichtig, ihre Kunden zu beraten und zu erklären, dass Feigen am besten gleich verarbeitet oder gegessen werden sollen. Zur Not halten sie ein paar Tage im Kühlschrank aus.

Neben Sortenklassikern wie der Bananenfeige – »eine ideale Freilandfeige« –, der Herbstfeige Pastiliere oder der kleinen Dalmatie (ebenfalls eine Herbstfeige, die vor allem im Glashaus gut wächst) gibt es auch Alt-Wiener Sorten, wie die Hietzinger oder Großenzersdorfer Feige, die Pötzleinsdorfer Perle oder die Gersthofer Feige. Immerhin gab es in Wien bereits um 1600 Feigen – nämlich im Schloss Neugebäude. Der von Maximilian II. beauftragte Gärtner, der berühmte Botaniker Carolus Clusius, pflanzte im botanischen Garten des Schlosses als einer der ersten in Europa Tulpen aus. Auch der erste Flieder und sogar der erste Elefant Europas sollen damals im Schloss zu besichtigen gewesen sein. »Der Bestand von Maximilian II. hat nicht lange gehalten, es wurde ja nie ganz fertig gebaut«, erzählt Kujal. »Unter Maria Theresia wurden dann Säulen des Schlosses abgebaut und bei der Gloriette in Schönbrunn eingesetzt, auch der Brunnen wurde abgetragen. Vieles wurde in alle Himmelsrichtungen verteilt.« Wenn man so will, haben die beiden also mit ihrem Feigenhof ein bisschen an die Geschichte angeknüpft und zumindest die exotischen Pflanzen zurückgebracht. Kujal denkt kurz nach, nickt und meint dann zufrieden: »Die Vision ist Wirklichkeit geworden. Das ist das Tollste und Schönste, das du machen kannst.«

Bio-Feigenhof

Usula Kujal & Harald Thiesz
Am Himmelreich 325, 1110 Wien
(Zufahrt Kaiserebersdorfer Straße 135)

www.feigenhof.at
bio@feigenhof.at
Tel.: 01 3187074, 0664 4224480
AB-HOF-VERKAUF: Freitag 14–18 Uhr, Samstag 10–17 Uhr (Saison: März bis Ende Dezember, frische Feigen: Juli bis Oktober) bzw. nach telefonischer Terminvereinbarung

Feigenmarmelade mit Fruchtstücken

ZUTATEN

1 kg frische Feigen
100 g Zucker
5 g Pektin oder Quittin (Menge laut Etikett)
etwas Zitronensaft
Zitronen- & Orangenzesten nach Geschmack
Kardamom & Zimt nach Geschmack
80-prozentiger Rum

TIPP

Für die Gelierprobe etwas Marmelade auf einem Teller (im Kühlschrank) erkalten lassen, um zu prüfen, ob die Konsistenz passt.

ZUBEREITUNG

> Einmachgläser gut auswaschen und im Backrohr auf 160 °C vorwärmen.

> Feigen halbieren, Stiele entfernen und in einem Topf handwarm erwärmen. Zucker und Pektin gut mischen, unter die Feigen rühren, stark aufheizen und dabei ständig weiterrühren. Zitronensaft, Zesten und Gewürze nach Geschmack beigeben.

> Wenn die Marmelade zu spritzen beginnt (Vorsicht: Heiß!), Temperatur etwas reduzieren. Sechs Minuten kochen lassen, dabei ständig rühren. Eine Gelierprobe durchführen.

> Die noch kochende Marmelade mit einem Einfülltrichter in die vorgewärmten Gläser abfüllen. Mit etwas Rum abflämmen und sofort zuschrauben.

Hut & Stiel

Die Pilze aus dem Kaffeesud

Dass Pilze im Keller durchaus ihre Vorteile haben können – sofern es sich um die richtigen handelt –, beweisen Florian Hofer und Manuel Bornbaum mit ihrem Unternehmen Hut & Stiel. Sie sammeln Kaffeesud aus Betriebsküchen, Seniorenheimen und Kaffeehäusern, versetzen ihn mit Pilzsporen und produzieren so in einem Wiener Wohnhauskeller frische Austernseitlinge.

Ein feuchter Keller, in dem Pilze wachsen, zählt für die meisten wohl eher zu den unangenehmeren Vorstellungen. Florian Hofer und Manuel Bornbaum sind da eine Ausnahme. Immerhin verdienen sie damit ihr Geld. Wobei das ein bisschen gedauert hat. »Die ersten zwei Jahre haben wir von Ersparnissen gelebt. Viel länger wäre das nicht mehr gegangen, aber zum Glück hat es sich dann rentiert«, erzählt Bornbaum. Entstanden ist die Idee bei einem Uni-Projekt. Hofer studierte Maschinenbau und Wirtschaftsingenieurwesen an der Technischen Universität Wien, Bornbaum Agrarwissenschaften an der Boku Wien. In dem Projekt ging es darum, den Aufbau eines fiktiven Unternehmens (auf dem Papier) zu skizzieren. Daraus entstand die Idee, in entsprechender Umgebung Pilze in Kaffeesud wachsen zu lassen. Nachhaltigkeit – immerhin wird aus einem Abfallprodukt ein Lebensmittel – war ihnen dabei von Anfang an wichtig. Die theoretische Uni-Arbeit war abgegeben, die beiden reizte es aber, die Idee in die Praxis umzusetzen. Nach einem Praktikum in Rotterdam, wo es bereits ein ähnliches Projekt gibt, starteten sie den Versuch und produzierten unter dem Namen Hut & Stiel in Wien die ersten Austernseitlinge.

Die Suche nach einem geeigneten Keller gestaltete sich gar nicht so einfach. Nicht nur die Raumtemperatur muss passen, auch Größe und Raumaufteilung sind wichtig – und vor allem muss die Hausverwaltung ihren Sanctus geben. Fündig wurde man in einem Keller im 20. Wiener Gemeindebezirk, in dem auf rund 250 Quadratmetern Pilze kultiviert werden. Nur drei Jahre später machen sich die beiden auf die Suche nach einem größeren Standort. Denn verkaufen könnten sie mittlerweile weitaus mehr.

〰️

Babystation der Austernseitlinge
Als Pilzfutter dient Kaffeesud, den die beiden mit dem Lastenfahrrad von Kaffeehäusern, Betriebsküchen und Pensionistenheimen abholen. Dieser wird mit Kaffeehäutchen (ein Abfallprodukt von Kaffeeröstereien, das das Gemisch auflockern soll), Kalziumkarbonat und einem Pilzmyzel vermischt und in Säcke gefüllt. »Mittlerweile sind wir auf schwarze Säcke umgestiegen. Die sind noch besser, die Pilze suchen ja das Licht«, erklärt Hofer.

Im Inkubationsraum hat das Pilzmyzel Zeit, den Kaffeesud komplett zu besiedeln. Hier ist es dunkel und mit rund 25 Grad Raumtemperatur schön warm. Die Ruhe – denn außer, dass still und heimlich gewachsen wird, passiert hier

nicht viel – passt irgendwie zu dieser Babystation der Austernseitlinge. Drei bis vier Wochen hängen hier die einzelnen Säcke.

Dann sind sie reif für den nächsten, den Wachstumsraum. Hier ist es schon ein bisschen kühler, heller und geschäftiger – immerhin wird hier regelmäßig geerntet. Die Raumtemperatur beträgt, je nach Jahreszeit, zwischen 17 und 19 Grad Celsius, die Luftfeuchtigkeit 85 bis 90 Prozent. Durch die kleinen Löcher in den Säcken suchen die Pilze – genau genommen die Fruchtkörper – Licht und Sauerstoff. Rund 1000 Säcke hängen hier auf einem eigenen Gestell. Innerhalb der nächsten drei Wochen wird jeder Sack drei Mal beerntet. »An Produktionstagen brauchen wir nicht mehr ins Fitnessstudio gehen«, meint Hofer und schmunzelt. Immerhin wiegt ein Sack sechs bis sieben Kilogramm und muss bei der Ernte mehrmals umgehängt werden. Hat ein Pilz die gewünschte Größe erreicht, wird er einfach abgebrochen, das untere Ende wird inklusive Kaffeesatz mit einem Messer abgeschnitten,

Der Inkubationsraum – oder auch Babyraum, wie er hier genannt wird

der Pilz danach vorsichtig geputzt. »Der erste Flush, also die erste Ernte, ist sehr buschig und klein. Bei der dritten Ernte ist der Fruchtkörper viel größer«, erklärt Hofer. Pro Woche werden so aus knapp 120 Säcken rund 100 Kilogramm Pilze gewonnen und anschließend vorwiegend an die Gastronomie – vom Steirereck abwärts – geliefert. Die hat die Wiener Pilze dankend angenommen und dadurch den Fortbestand ermöglicht.

Gegen Voranmeldung können die frischen Pilze auch ab Hof gekauft werden. Und die weniger schönen Exemplare bekommt Nachbar Peter Hiel, der daraus Pesto, Sugo und Aufstriche macht.

Forschen im Pilzlabor Florian Hofer und Manuel Bornbaum wollen vorerst bei den Austernseitlingen bleiben. Eine andere Sorte würde andere Bedingungen verlangen und die Sache dadurch erschweren. Mittlerweile haben die beiden eine Angestellte und laufend Praktikanten. »Ohne die würde es nicht mehr gehen. Aber wir haben schon so viele Anfragen von Praktikanten, dass wir einem Drittel absagen müssen.« In einem hauseigenen Labor werden auch selbst Pilzsporen vermehrt, wobei das mehr zum Experimentieren, für Workshops oder für etwaige Diplomarbeiten der Praktikanten gedacht ist. Für die Produktion selbst kaufen sie das Pilzmyzel aus einem Labor in Deutschland zu. Eigenes Saatgut zu verwenden, wäre zu risikoreich.

Einmal im Monat werden Workshops abgehalten, bei denen die Teilnehmer lernen, wie man daheim Pilze kultivieren kann. Wobei es den Profi-Pilzzüchtern dabei vor allem um das Verständnis und die Wertschätzung für das Lebensmittel geht. Die beiden sind stolz darauf, dass auf diese Weise aus einem Abfallprodukt mitten in der Stadt ein Lebensmittel produziert werden kann. Und dass sie damit einen Beitrag leisten können, die wachsende Stadt mit regionalen Lebensmitteln zu versorgen. Auch wenn die Pilzzüchter – in Labormänteln und mit Schutzhauben – vielleicht nicht gerade wie typische Bauern aussehen, definieren sie sich sehr wohl als Stadtbauern. »Viel städtischer geht es ja gar nicht mehr«, sind sie sich einig.

Hut & Stiel

Manuel Bornbaum & Florian Hofer
Innstraße 5/1, 1200 Wien

www.hutundstiel.at
www.facebook.com/hutundstiel
office@hutundstiel.at
Tel.: 0660 8139844

Schnelle Schwammerlsauce mit Austernseitlingen

Für 4 Personen

ZUTATEN

ca. 500 g geputzte Austernseitlinge
etwas Öl oder Butter
2 Zwiebeln
400 ml Schlagobers oder Sojasahne
1 TL Mehl
etwas Zitronensaft
Petersilie
Salz & Pfeffer

ZUBEREITUNG

> Die Austernseitlinge entlang der Faser in kleine Streifen reißen oder klein schneiden, danach scharf in etwas Öl oder Butter anbraten.

> Zwiebeln schälen und klein würfeln. Austernseitlinge an den Rand der Pfanne schieben und die Zwiebelwürfel etwas anbraten.

> Mit etwas Wasser und Schlagobers bzw. Sojasahne aufgießen. Mehl zum Eindicken einrühren. Mit Zitronensaft, Petersilie, Salz und Pfeffer abschmecken.

> Sauce zu Knödeln oder Pasta genießen.

TIPP

Pilze immer erst am Ende der Garzeit salzen, da sie sonst zu viel Wasser abgeben.

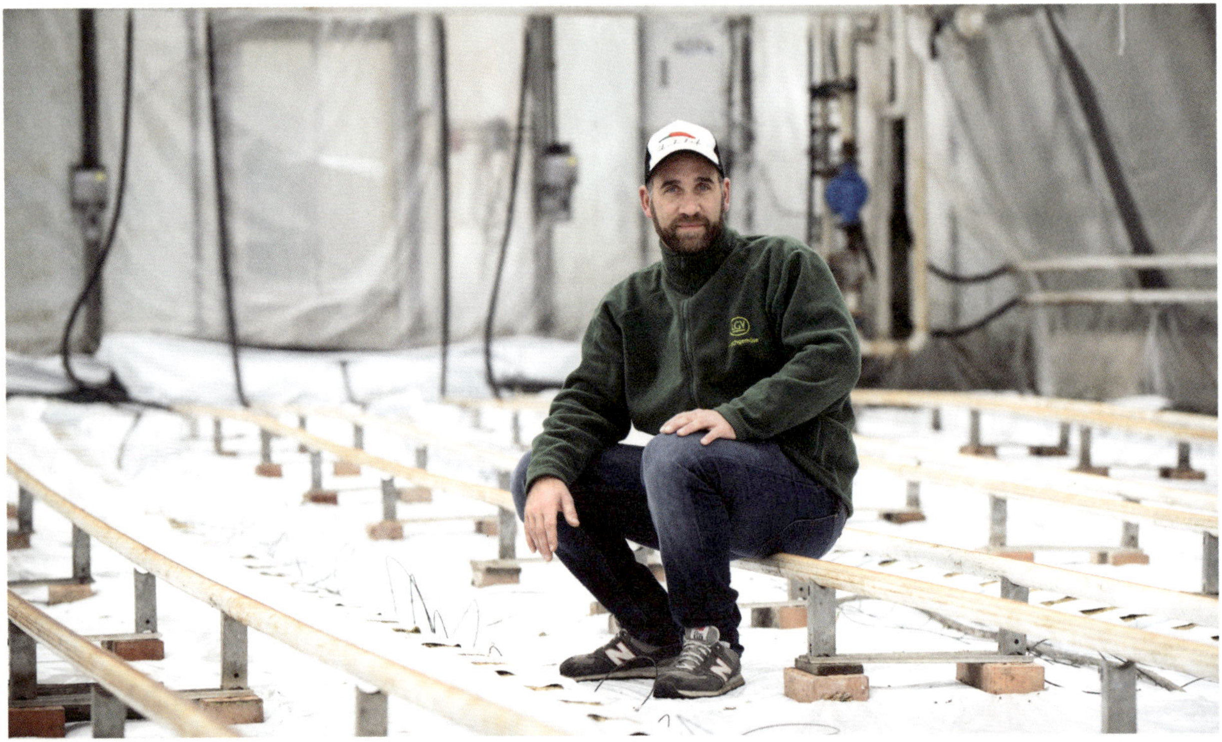

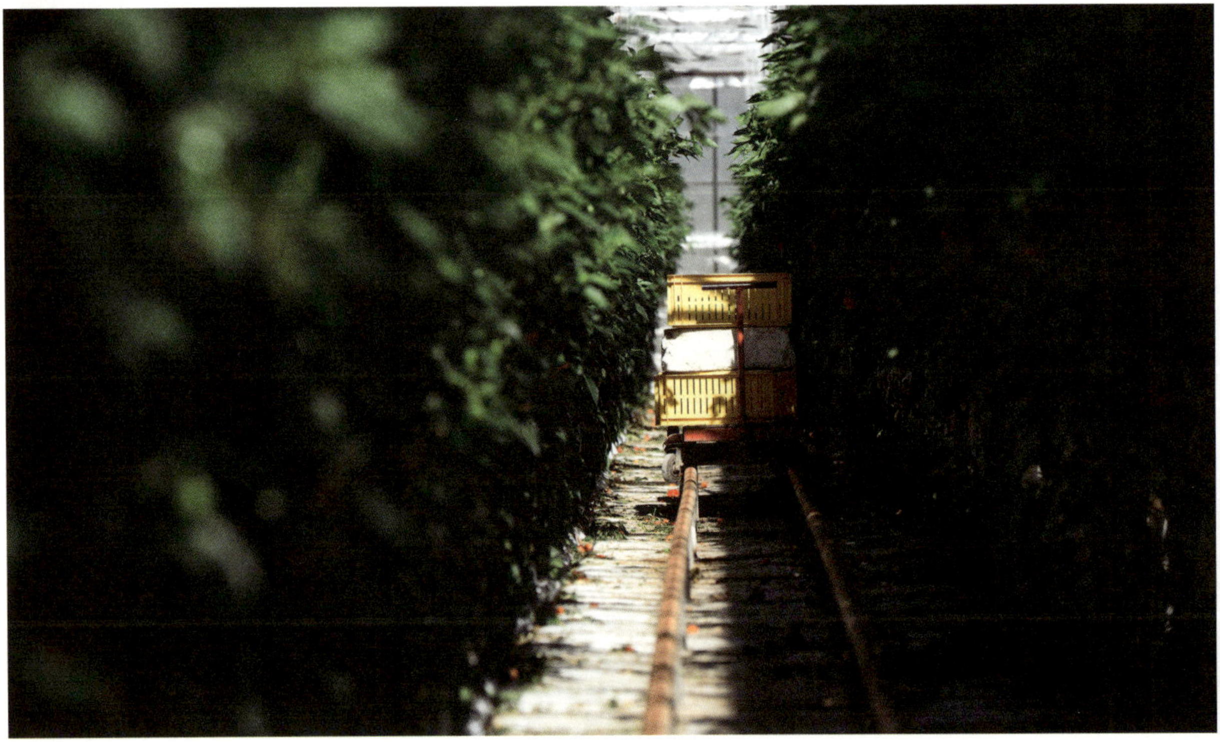

Chilihof

Vom k.u.k. Hoflieferanten zum Chilihof

Georg Kölbl hat aus der Gärtnerei, die einst sein Ururgroßvater gegründet hat, alle Gemüse- und Blumenpflanzen verbannt und 20 verschiedene Chilisorten gepflanzt. Das Sortiment reicht von milden Paprika bis zur schärfsten Chili der Welt. Seinen Kunden könne es nicht scharf genug sein.

Manche Dinge müssen sich verändern, um bestehen zu bleiben. Die Gärtnerei der Familie Kölbl ist dafür ein gutes Beispiel. Was einst eine klassische Gärtnerei mit dem begehrten Titel »k. u. k. Hoflieferant« war, ist heute ein hochmoderner Betrieb, der sich auf eine einzige Kultur spezialisiert hat: Chilis.

Seit 100 Jahren befindet sich der Familienbetrieb in Breitenlee. Die Geschichte geht aber noch um einiges weiter zurück. Kölbls Ururgroßvater, der ebenfalls Georg hieß, betrieb bereits in der ersten Hälfte des 19. Jahrhunderts eine Gärtnerei – damals noch am Tabor in der Leopoldstadt. Im Familienbesitz gibt es noch ein Dokument, das die Gärtnerei als k. u. k. Hoflieferanten auszeichnet, berichtet Georg Kölbl nicht ohne Stolz. Sein Urgroßvater übersiedelte die Gärtnerei dann kurzfristig in den heutigen 21. Bezirk,

weil sich der 2. Bezirk immer mehr zur Wohngegend entwickelte. Aber auch dieser Standort hielt nicht lange. Seit 1910 ist der Betrieb nun in Breitenlee, im 22. Wiener Gemeindebezirk, beheimatet. »Je mehr die Stadt gewachsen ist, desto weiter mussten wir raus«, sagt Kölbl. Er hat den Betrieb im Jahr 2011 von seinen Eltern übernommen und mit der Übernahme Sortiment und Produktionsweise radikal verändert.

Seine Eltern haben noch, ebenso wie die Generationen davor, das klassische Sortiment einer Gärtnerei angeboten, also Frischgemüse, Blumen und Zierpflanzen. »Paprika, Radieschen, Gurken, Salate, Chrysanthemen, alles Mögliche«, fasst Kölbl zusammen und führt in Begleitung seines Hundes Django durch den Hof. »Als ich übernommen habe, wusste ich, wir brauchen mehr Umsatz.« Also setzte er sich mit einem

Kulturberater der Wiener Landwirtschaftskammer zusammen und überlegte, was man aus einer klassischen Gärtnerei machen könnte, um sich von der Konkurrenz abzuheben. »Wir haben ein Nischenprodukt gesucht. Etwas, das mich begeistert, wo es eine Marktlücke gibt und sich auch ein Trend entwickeln könnte.« Es hat nicht lange gedauert, bis sie auf Chilis gestoßen sind. Die Genossenschaft LGV-Frischgemüse, über die die Gärtnerei schon lange ihre Produkte verkauft, war anfangs skeptisch. »Die haben gesagt: Wie sollen wir das denn verkaufen? Aber dann ist es gut gegangen und immer mehr geworden. Im ersten Jahr haben wir uns schon verdoppelt.«

Die schärfste Chili der Welt Auf insgesamt 4400 Quadratmetern kultiviert Kölbl heute an die 20 verschiedene Chilisorten im Glashaus. Dazu kommen 500 Quadratmeter Freifläche, auf der Piri Piri angebaut werden – die einzige Sorte, die an Floristen verkauft wird. Alles andere hat kulinarische Zwecke – vom einfachen Gemüsepaprika mit dem Schärfegrad null bis hin zur (derzeit) schärfsten Chili der Welt: Carolina Reaper mit 2,2 Millionen Scoville. (Die Scoville-Skala gibt an, mit wie vielen Tropfen Wasser man einen Tropfen Chili verdünnen muss, damit man die Schärfe nicht mehr spürt.) »Es soll in England schon eine Sorte geben, die 2,9 Millionen Scoville

erschöpft. Früher hat man den Boden entsäuert, indem man ihn gedämpft hat. Irgendwann hat aber auch das nichts mehr geholfen.« Beim Dämpfen legt man schwarze Folien auf den Boden und besprüht diese mit heißem Dampf, wodurch Schädlinge und das Unkraut abgetötet werden. Das spart sich Kölbl heute: Er tauscht einfach jede Saison die Steinwollmatten aus.

Substratkultur und Nützlinge »Für meine Eltern war die Substratkultur eine große Umstellung. Mein Vater greift bis heute den Computer nicht an, das macht immer meine Mutter, wenn wir auf Urlaub sind«, sagt Kölbl. Im Gegensatz zu früher verwendet er heute wesentlich weniger Spritzmittel, weil er auf integrierte Produktion, das heißt den Einsatz von Nützlingen, umgestiegen ist. An jeder zweiten Pflanze hängen deshalb kleine Papiersackerl, in denen Nützlinge leben, die die Schädlinge fressen und so das System in Schuss halten. »Seit wir weniger spritzen, haben wir auch viel mehr Spinnen.« Das fällt beim Rundgang durch die Glashäuser auf, nicht nur einmal streift man dabei an ein paar Spinnfäden.

hat, das ist ein richtiger Wettkampf«, sagt Kölbl, der das, seinem Gesichtsausdruck zufolge, wohl nicht ganz nachvollziehen kann. »Das ist schon mehr eine Waffe und Liebhaberei.«

Nicht nur die Art der Pflanzen hat sich durch die Übernahme geändert, sondern auch das Kultursystem. Die Umstellung auf Substratkultur war für ihn Bedingung, um die Gärtnerei zu übernehmen. Dabei wachsen die Pflanzen nicht in Muttererde, wie das im Fachjargon heißt, sondern in einer Steinwollmatte. Wasser und Nährstoffe gelangen über ein computergesteuertes Tröpfchensystem zur Pflanze. »Alle zehn, 15 Minuten bekommen sie zirka 150 Milliliter Wasser.« Zwischen Decke und Boden sind Schnüre gespannt, die den Pflanzen Halt geben. Jewells zwei haben so auf einem Quadratmeter Platz. Rund 4800 Chilipflanzen stehen hier in einem Glashaus. Kölbl hat sich nicht nur der Effizienz wegen für dieses Kultursystem entschieden. »Der Boden ist nach 100 Jahren Anbau einfach

Mittlerweile sind wir in dem Glashaus angekommen, in dem mittelscharfe weiße und violette Sorten angepflanzt werden, etwa Santa Fe oder Fresno purple. Wo heute rund 800 Chilipflanzen stehen, wurden früher Chrysanthemen angebaut. Gegen Nachtfalter, deren Raupen gerne die Chilis anfressen, wurde ultraviolettes Licht angebracht. Zwischen den Reihen liegen Rohre am Boden. »Im Winter brauchen wir die Rohre zum Heizen, bei der Ernte verwenden wir sie als Schienen für den Erntewagen«, erklärt Kölbl und

Chilihof

Georg Kölbl
Am Rain 5, 1220 Wien

BEZUGSQUELLEN: chilihof.at
office@chilihof.at

schüttelt den Kopf. »Früher sind wir mit Scheib-truhen durchgegangen, das ist jetzt schon eine ordentliche Arbeitserleichterung.«

In der fünften Kalenderwoche des Jahres, also Anfang Februar, werden die Jungpflanzen gesetzt, die über einen Händler aus Holland be-zogen werden. Die Ernte startet in der 16. oder 17. Woche und dauert, dank Sortenvielfalt und Glashaus, bis in den November hinein. Rund 1500 Kilogramm werden pro Woche geerntet. Al-leine schafft das Familie Kölbl nicht, Unterstüt-zung kommt von Erntehelfern aus Rumänien. Deshalb steht am Ende jeder Reihe, die beern-tet werden soll, der jeweilige Wochentag auch auf Rumänisch geschrieben. In Spitzenzeiten komme man gar auf 2000 Kilo, wobei das dann eine Überproduktion sei, erklärt Kölbl. Etwa 90 Prozent der Ernte wird über die Genossenschaft LGV-Fischgemüse verkauft. Die Verpackung wird mittlerweile von der Genossenschaft über-nommen. »Früher haben wir noch selbst einge-packt. Da ist immer die ganze Verwandtschaft zusammengekommen, das war ein bisschen wie ein Kaffeekränzchen.« Heute kann er sich das nicht mehr vorstellen.

Nur ein kleiner Teil der Ernte wird ab Hof verkauft, genauso wie die verarbeiteten Produk-te, die Kölbls Mutter herstellt: Chilimarmeladen, -pasten und -saucen. Auch Chilisalz, Öl und so-gar ein Chilibrand (auf Apfelbasis) werden herge-stellt. »Das geht ganz gut, die Leute sind verrückt nach Schärfe und wollen selbst süße Sachen wie Honig oder Marmelade immer schärfer.« Das Sortiment an veredelten Produkten wächst da-her laufend. Georg Kölbl tüftelt derzeit an einer Chilischokolade – und sogar Chilieis möchte er herstellen.

Rindsgulasch mit Habanero

ZUTATEN

300–400 g Wadschinken (Fleisch vom unteren
    Teil der Keule; oder Schulter, Hals)
300 g Zwiebeln
50 g Fett
etwas Paprikapulver
1 Schuss Essig
1 Paradeiser
fein gehackte Gewürze (Majoran, Kümmel,
    Knoblauch)
1 Habanero (Chilischote)
20 g Mehl
Rindsuppe nach Bedarf
Salz

ZUBEREITUNG

> Fleisch würfelig schneiden.
> Zwiebeln schälen, klein schneiden und
> gleichmäßig in heißem Fett rösten. Paprika-
> pulver einrühren und mit Essig ablöschen.
> Fleisch, Paradeiser und Gewürze dazugeben,
> salzen und zugedeckt dünsten. Öfter etwas
> Wasser nachgießen. Die Habanero in einem
> Teesieb mitziehen lassen (→ Tipp).
> Nach dem Eindünsten der Flüssigkeit Gu-
> lasch mit etwas Mehl stauben. Bei Bedarf
> mit etwas Suppe aufgießen und verkochen
> lassen.
> Dazu passen Erdäpfel oder Spätzle.

Die Carolina Reaper ist die derzeit schärfste Chili der Welt

TIPP

Durch das Mitkochen in einem Teesieb kommt
der Habanero-Geschmack ins Gulasch und die
Schärfe bleibt in der Frucht. Dabei sollte man
aber aufpassen, dass die Habanero nicht reißt,
da sonst die Schärfe entweicht und das Gericht
stark verdünnt werden muss.

Bio-Imkerei Honigstadt

Die Bienenflüsterer

Familie Heller geht es um den kleinen Unterschied beim Honigmachen: Weil sie die Tiere möglichst naturnah halten will, arbeitet sie in ihrer Imkerei Honigstadt biodynamisch, lässt die Bienen möglichst in Ruhe und hat sich am Stadtrand angesiedelt – weil es den Bienen dort besser geht als am Land.

Es gibt Fragen, die Uli Heller-Macenka und Karl Heller immer wieder beantworten müssen. Etwa, warum eine Imkerei überhaupt »bio« oder eben »biodynamisch« sein soll? Oder anders gefragt: Was genau an Bienen »nicht bio« sein kann? Und ob Honig vom Land nicht besser sei als jener aus der Stadt? Die beiden Imker beantworten sie immer wieder aufs Neue. Etwa damit, dass sie ihre Bienen in ihrer biodynamischen Imkerei namens Honigstadt nicht mit Antibiotika, sondern – vor allem um die Gefahr der Varroamilbe in den Griff zu bekommen – ausschließlich mit organischer Säure, zum Beispiel Ameisensäure, behandeln. Oder, dass sie ihren Bienenvölkern keine Materialien aus Plastik oder Styropor zur Verfügung stellen, sondern diese Waben in Naturbau formen dürfen. Oder aber, dass sie den natürlichen Schwarmtrieb der Bienen nicht bekämpfen, indem sie der Königin einen Flügel abschneiden, was die Arbeit für den Imker erleichtert, das Leben der Bienen jedoch

nicht. Oder auch, dass sie nicht Unmengen an konventionellem Zuckerwasser nach der Honigernte zufüttern, sondern den Bienen Bio-Zucker mit Kamillentee und einem Drittel Honig als Gegenleistung für den geernteten Honig geben.

Es sind unzählige Argumente, die das Paar aufzählen kann, warum es sich für eine Arbeitsweise nach den biodynamischen Demeter-Richtlinien entschieden hat. Sie alle haben damit zu tun, dass ihnen ein naturnahes Arbeiten, bei dem die Bienen möglichst in Ruhe gelassen werden, als richtig und wichtig erscheint.

Die Frage nach der Stadt lässt sich nicht nur mit ihrem Wohn- und Arbeitsort beantworten – er arbeitet als Förster im Nationalpark Donauauen, sie ist beim Forst- und Landwirtschaftsbetrieb der Stadt Wien beschäftigt. »Unser Standort ist ideal, weil es keine Landwirtschaft gibt und auch keine Kleingärten, die sind oft richtige Giftanlagen«, sagt Uli Heller-Macenka, die ausgebildete Imkerfacharbeiterin ist. Die beiden

halten ihre Bienenvölker im Pötzleinsdorfer Park und in Neuwaldegg am Rande des Wienerwalds im Natura-2000-Gebiet. Dieser Standort befindet sich unweit der Restaurants Manameierei bei der Exelbergstraße und ist ein wahres Naturjuwel.

»Das hier ist ein Amphibienschutzgebiet und eigentlich ein Erbe eines Unbeugsamen«, erklärt der Imkermeister bei einem Rundgang. Ein mittlerweile verstorbener Förster hatte in diesem vier Hektar großen, mittlerweile eingezäunten Areal gelebt. »Er hat hier wunderbare Biotope geschaffen, ohne viel zu fragen. Das ist eine einzigartige Gegend, die von der MA 49 vorbildhaft in Ruhe gelassen wird«, schwärmt Karl Heller und führt vom großen Tor einen Weg entlang zu einer dicht bewachsenen Stelle. Hier stehen an die 30 Bienenstöcke. Die Biotope und kleinen Teiche rundherum nutzen nicht nur den Amphibien, sondern auch den Bienen, die sehr viel und vor allem kein verunreinigtes Wasser brauchen. »Da sind natürliche Wasserquellen wie die Teiche hier ideal. Am Land ist das Wasser

für die Bienen ein irres Problem, weil sie Guttationswasser vom Mais trinken, das ist eine Todesfalle für die Bienen«, erklärt Heller-Macenka. Im konventionellen Maisanbau wird nämlich das Saatgut gegen Schädlinge mit einer chemischen Beize behandelt. Besser bekannt sind diese Stoffe als Neonicotinoide oder Pestizide. Ihre Inhaltsstoffe sind auch im Wasser enthalten, das die fertige Pflanze ausscheidet – und für Bienen tödlich sein kann.

⋁⋁

Bienenabwehr gegen Hornissen Hier aber, in Neuwaldegg, gibt es das Problem mangels konventioneller Landwirtschaft nicht. »Ein anderer Vorteil für Stadtbienen ist, dass ständig etwas blüht. Bienen in der Stadt finden sich immer etwas. Hier sind es vor allem Linden und Rosskastanien«, sagt die Imkerin und zieht sich ihren Schutzanzug an. Auch für den kleinen Sohn Paul hat sie einen dabei. Er ist die Bienen offenbar gewohnt und erklärt stolz, dass mit dem Besen die

Bienen abgekehrt werden. Nur Karl Heller verzichtet auf den speziellen Anzug und begegnet seinen Bienen in gewöhnlicher Kleidung.

Es ist Ende August, der Honig wurde vor gut einem Monat geerntet. Jetzt haben die Tiere Zeit, sich auf den Winter vorzubereiten. »Schau mal, die Bienen sind schon heraußen, das ist ein Vitalitätszeichen, das kann man eigentlich nur bei Demeter-Bienen beobachten.« Tatsächlich tummelt sich eine kleine Traube bei der Öffnung am unteren Ende des Kastens. Sie wehren sich gegen Hornissen, die auf der Suche nach kranken, schwachen Bienen sind, die sie verspeisen können. »Die Bienen verteidigen sich und stellen als Schwarm einer Hornisse nach, wenn eine zu nahe kommt. Das ist ein richtiges Naturschauspiel!« Heller ist sichtlich begeistert. Er hält einen Smoker in der Hand, mit dem er die Bienen beruhigen und sich ihnen somit besser nähern kann. »Der Rauch simuliert einen Waldbrand, die Bienen ziehen sich daraufhin zurück.« Jetzt ist die Zeit, in der Bienen gefüttert und gegen die Varroamilbe mit Ameisensäure behandelt

Mohnstrudel mit Dinkel und Honig

ZUTATEN

Teig
250 g glattes Dinkelmehl
10 ml Milch
50 g Staubzucker
20 g Germ
75 g geschmolzene Butter
1 Prise Salz

Fülle
125 ml Milch
1 EL geriebene Bio-Orangenschale
20 ml frisch gepresster Orangensaft
100 g gequetschter Graumohn
30 g Zucker
25 g Butter
40 g Rosinen
2 EL Honig
1 TL Vanillezucker
1 Prise Zimt

TIPP
Geknetet wird mit der Hand, mit Handmixer und Knethaken oder einer entsprechend geeigneten Küchenmaschine.

ZUBEREITUNG

> Für den Teig 1–2 EL Mehl und 2 EL lauwarme Milch mit 1 EL Zucker und dem Germ verrühren. In einer Schüssel so lange an einen warmen Platz stellen, bis die Masse aufgegangen ist, sich in etwa verdoppelt hat und Blasen bildet.

> Dann mit den restlichen Zutaten für den Teig vermischen und zu einem glatten Teig kneten. Diesen anschließend wieder zugedeckt an einem warmen Ort ruhen lassen, bis sich die Masse erneut etwas mehr als verdoppelt hat.

> Währenddessen die Fülle zubereiten: Dazu die Milch erwärmen und alle Zutaten nacheinander einrühren.

> Wenn der Teig aufgegangen ist, diesen nochmals durchkneten und auf Backpapier auswalken. Die Fülle gleichmäßig auf den Teig auftragen. Anschließend durch Anheben des Backpapiers einen Strudel rollen. Enden verschließen, damit die Fülle nicht austreten kann.

> Den Strudel nochmals 15 Minuten gehen lassen, dann im vorgeheizten Backrohr bei 180 °C backen. Nach dem Auskühlen in Scheiben schneiden.

werden. Der Imker ist bei seinem Rundgang zufrieden: »Wenn die Bienen draußen sind, ist das ein gutes Zeichen. Da brauch ich mir keine Sorgen machen.« Er ist stolz darauf, dass seine Tiere durchaus wehrhaft sind. Jahrzehntelang wurden Bienen daraufhin gezüchtet, dass sie möglichst sanftmütig sind, möglichst viel Honig produzieren und möglichst wenig ausschwärmen. All das macht die Arbeit für den Imker leichter, ist aber wider die Natur der Bienen.

Seit sechs Jahren betreiben Uli und Karl Heller gemeinsam die Honigstadt. Während andere, intensiv wirtschaftende Imkereien pro Volk bis zu 100 Kilogramm Honig ernten, sind es in der Honigstadt zwischen 20 und 40 Kilogramm.

Dafür ist der Wassergehalt des Honigs wesentlich niedriger. »Bei uns wird nur geschleudert und abgefüllt. Wir erhitzen nicht, füttern nicht vor der Ernte und trocknen nicht. Trocknen ist zwar nicht zulässig, es wird aber trotzdem oft gemacht, wenn der Wassergehalt zu hoch ist«, erklärt Karl Heller. Bei manchen konventionellen Imkereien werde sogar mit dem Laubbläser gearbeitet, um die Bienen zu verscheuchen und die Arbeit zu erleichtern. Er muss nicht lange erklären, dass das keine Option für ihn ist – das erledigt sein Gesichtsausdruck. Auch das ist eine weitere Antwort auf die Frage, wozu es eine Bio-Imkerei braucht.

Bio-Imkerei Honigstadt

Karl & Uli Heller
Urbangasse 8/9–11, 1170 Wien

www.honigstadt.at
honigstadt@gmx.at
www.facebook.com/honigstadt

Kräuter Altschachl

Das Kräutermeer im Osten Wiens

Johann und Ingrid Altschachl betreiben ihre Gärtnerei bereits in fünfter Generation und haben sich auf Schnittkräuter spezialisiert. In unzähligen kleinen Töpfen wachsen hier Zimtbasilikum, Blattsenf oder Vogelmiere.

Um zur Wiener Kräuterproduktion Altschachl zu gelangen, muss man genau genommen die Stadt verlassen. Zumindest wenn man den Hauptstandort besuchen will. Es geht die Esslinger Hauptstraße entlang, vorbei am ehemaligen Autokino, Gebrauchtwagenhändlern, Wohnhäusern und Imbisslokalen. Irgendwann ist es hier nicht einmal mehr dörflich. Man verlässt Groß-Enzersdorf, um dann nur noch Felder und Hochspannungsleitungen zu erblicken. Bis man in diesem Nirgendwo aus grünen Flächen den Kräuterweg erreicht hat. Warum der so heißt, wird bei dem großen Gewächshaus deutlich, das sich über mehrere tausend Quadratmeter erstreckt.

Die Familie Altschachl kultiviert hier Kräuter, die als Schnittkräuter vorwiegend an die Gastronomie verkauft werden. 35 bis 40 verschiedene Sorten zählt Johann Altschachl, der gemeinsam mit seiner Ehefrau Ingrid den Betrieb in mittlerweile fünfter Generation führt. Der Großteil der Kräuter wächst im Gewächshaus auf etwa 7500 Quadratmetern, die Freilandfläche beträgt rund 5000 Quadratmeter. »Und dann kommen noch einmal 2000 Quadratmeter an unserem zweiten Standort im 22. Bezirk dazu«, erklärt Johann Altschachl.

Auf Kräuter spezialisiert hat sich der Familienbetrieb vor mehr als 30 Jahren – gemessen an der langen Geschichte des Betriebs eigentlich eine recht kurze Zeitspanne. 1865 kam Altschachls Ururgroßvater vom Waldviertel nach Wien. »Er hat eine Möglichkeit gesucht, etwas zu verdienen und ist in die Stadt gegangen, wie das heute eigentlich auch viele machen.« Also habe der Ururgroßvater zuerst in Heiligenstadt ein Grundstück gepachtet. »Das war damals ein Vorort von Wien, heute ist es mittendrin.« Johann Altschachl kann sich selbst noch erinnern, wie er als kleiner Bub seinen Großvater auf den

Naschmarkt begleitet hat. Damals gab es den Großmarkt in Inzersdorf nämlich noch nicht. Lange war der Betrieb eine klassische Gärtnerei, die alle Arten von Gemüse kultivierte. Kräuter spielten damals nur eine untergeordnete Rolle.

1995 übernahm Johann Altschachl die Gärtnerei von seinen Eltern. »Da hat sich mit dem EU-Beitritt viel geändert. Anfangs war das ein bissl ein Desaster, das hat die ganze Branche gespürt«, erinnert er sich. Er habe in den letzten 20, 25 Jahren viele Betriebe zusperren sehen und befürchtet, dass das nicht die letzten gewesen sein werden. Für Altschachl war damals rasch klar, dass die Gärtnerei nicht einfach wie bisher weitermachen konnte. Also probierten er und seine Frau es mit Kräutern. Anfangs wurden sie von den Kollegen belächelt. »Wir haben mit Topfkräutern begonnen, aber das hat nicht funktioniert. Da waren wir wohl zu früh dran.« Im Jahr 2000 stellten sie dann komplett auf Schnittkräuter

um. Die Gastronomie war es, die von Anfang an Interesse daran zeigte und auch wesentlich dazu beigetragen hat, dass die Gärtnerei – und mit ihm die Auswahl an Kräutern – gewachsen ist.

Zimtbasilikum und Hirschhornwegerich

Heute werden das ganze Jahr über frische Kräuter produziert. Neben Klassikern wie Minze, Basilikum, Thymian, Rosmarin, Oregano, Estragon oder Salbei sind auch Spezialitäten im Sortiment, wie Blattsenf, Zimtbasilikum, Hornveilchen, Hirschhornwegerich, Vogelmiere, Olivenkraut und eine Reihe von Baby-Pflanzen, zum Beispiel Basilikum- oder Amaranthkresse. »Die jungen Pflanzen nennt man Kresse, die sind in der Gastronomie sehr beliebt. Die ganz kleinen sind die Keimlinge«, erklärt Altschachl und führt in den Raum, in dem die Jungpflanzen gezogen werden. Hier ist es besonders warm – und selbst Lichtkeimer werden mit Styroporplatten abgedeckt, damit sie rasch in die Höhe wachsen. Nur ein Teil der Jungpflanzen wird zugekauft.

Weiter geht es in die große Produktionshalle. Angesprochen auf die Weiten, die man hier erblickt, zuckt Johann Altschachl nur mit den Schultern und meint: »Weiten? Da müssen Sie mal nach Holland gehen, das sind Weiten.« Unmengen an kleinen Topfpflanzen stehen hier in Reih und Glied, eingebettet in ein ausgeklügeltes Logistiksystem mit fahrbaren Rinnen und einem Heizungs- und Bewässerungssystem. Altschachl schätzt die Anzahl der Töpfe auf 110.000 bis 120.000 Stück. Dank der fahrbaren Rinnen müssen sich die zwölf bis 15 Mitarbeiter kaum bücken und auch nicht schwer heben. Sie stehen

am Ende des Kräutermeers und ernten die jeweilige Reihe ab. Ist eine Reihe fertig, fährt sie in die angrenzende Bahn – und die nächste rückt nach. »Je zwei Bahnen sind ein Kreislauf, die Rinnen fahren so lange herum, bis jede dran war. Wir haben somit kaum Wege.«

Unter den Erntemitarbeitern ist eine ältere Dame, die Johann Altschachl als seine Mutter Christine vorstellt. Sie hilft ebenso wie sein Vater Franz im Betrieb mit. Während sie Kräuter erntet, ist er damit beschäftigt, die unzähligen Schachteln zusammenzufalten, in die später die einzelnen Kräutertassen geschlichtet werden.

Beerntet wird jede Pflanze, je nach Kultur, fünf bis acht Mal. »Weil man den Haupttrieb rauszwickt, verdoppelt sich das Volumen bei jedem Schnitt«, erklärt Johann Altschachl. So wachse die Pflanze schön nach und könne Wochen später noch einmal beerntet werden. Für ihn ist das eine nachhaltige Wirtschaftsweise, paradoxerweise aber genau der Grund, warum er für seinen Betrieb keine Bio-Zertifizierung bekommen kann. »Wenn ich sie im Topf verkaufen würde, könnte ich Bio-Ware machen, aber weil ich sie schneide, ist es eine Langzeitkultur und deshalb nicht bio.« Das ärgert ihn sichtlich. »Die Regelung ist total verrückt. Im Topf geht sie oft nach einer Woche auf einem Fensterbrettl ein, so beernte ich die Pflanze fünf bis acht Mal, aber das soll nicht nachhaltig sein?« Doch auch ohne Bio-Zertifizierung arbeitet Altschachl viel mit Nützlingen und Pflanzensud. Wenn eine Pflanze etwa ein Problem mit Läusen hat, macht er aus einer anderen Kultur, die die Läuse nicht mögen, einen Sud und bespritzt die befallene Pflanze damit. »Das taugt den Läusen nicht. Ich kann damit verhindern, dass sie sich stark vermehren.«

Der Vater, Franz Altschachl, hilft in der Verpackungsstation

Mit dem Schwebefahrrad ins Kräutermeer Auch wenn die einzelnen Reihen mit Kräutertöpfen dicht gedrängt sind, ist es nicht unmöglich, in die Mitte dieses Kräutermeeres zu gelangen. Dafür muss Herr Altschachl nur auf ein Fahrrad steigen. Eines allerdings, das über den Kräutern schwebt und an oberirdischen Schienen fixiert wurde. Damit kann er in die Mitte der Anlage radeln, um zum Beispiel kleine Reparaturen vorzunehmen oder nach dem Rechten zu sehen. Die Schienen, auf denen das Schweberad geführt wird, dienen im Winter als Heizung und im Sommer als Hochdruckvernebeler, um die Luftfeuchtigkeit zu erhöhen. Gegossen werden die Pflanzen mittels Tröpfchenbewässerung, über die sie auch mit Nährstoffen versorgt werden können. Was für den Laien ein doch recht komplexes System ist, ist für Altschachl etwas Selbstverständliches. Immerhin wird hier im großen Stil produziert.

Im nächsten Raum steht ein großer Wassertank, in dem Regenwasser vom Glashausdach mit Brunnenwasser vermischt wird. Johann Altschachl hätte nichts dagegen, auf das Brunnenwasser zu verzichten, aber dafür regnet es einfach zu selten. Hier ist auch die computergesteuerte Haustechnik untergebracht. Während der Hausherr die komplexe Technik erklärt, schaut kurz sein Nachbar vorbei, ein Paprikabauer, mit dem er sich den Heizkessel und einige Maschinen teilt. Altschachl ist stolz darauf, dass er den Strom aus Wasserkraft bezieht und den CO_2-Ausstoß der Heizung auch gleich für die CO_2-Düngung der Pflanzen nutzen kann. Das wissen auch seine Kunden in der Wiener Gastronomie – etwa das Steirereck, Konstantin Filippou oder das Tian – zu schätzen.

Am Ende des Rundgangs sind wir in der Verpackungsabteilung angelangt, in der Ingrid Altschachl Wildkräutersalate mit Hornveilchen in kleine, wiederverschließbare Plastikschachteln schlichtet. Die fertig verpackten Minzespitzen lagern bereits im Kühlhaus. »Die haben schon alles gesehen, die waren schon bei der Formel 1 und auch beim Opernball«, sagt ihr Mann. Die sechste Generation ist mit zwei Töchtern übrigens ebenfalls bereits vor Ort, allerdings noch mit dem Studium beschäftigt. Die Eltern sehen das gelassen. »Seit sie 15 sind, machen sie jedes Jahr woanders ein Praktikum, um sich was anzuschauen«, sagt Johann Altschachl. Er will sie nicht stressen, genauso wenig, wie er das bei seinen Kräutern macht.

Basilikum – Pesto

»Schmeckt unglaublich – und hat mit gekauftem Pesto nur den Namen gemeinsam!«, schwärmt Johann Altschachl über das Pesto seiner Frau.

ZUTATEN
40 g Pinienkerne
100 g Basilikumblätter inkl. Triebspitzen
2 mittlere Knoblauchzehen
1 TL Meersalz (gestrichen)
⅛ l Olivenöl

ZUBEREITUNG
> Die Pinienkerne in einer trockenen Pfanne (ohne Öl) rösten.
> Die Basilikumblätter und die geschälten Knoblauchzehen klein hacken.
> Alle Zutaten bis auf das Olivenöl vermengen und in Gläser füllen. Mit Olivenöl aufgießen (das Pesto muss komplett mit Öl abgedeckt sein).

TIPP
Die Gläser sind etwa zwei Wochen im Kühlschrank haltbar.

Kräuter Altschachl
Johann & Ingrid Altschachl
Kräuterweg 2, 2301 Neu-Oberhausen

www.altschachl-kraeuter.at
info@altschachl-kraeuter.at
Tel.: 02249 28928
ONLINE-SHOP: www.altschachl-kraeuter.eu

Die Hauptstadt der Gurke

Wien ist die Gurkenhauptstadt Österreichs – und zu Recht stolz darauf. Was wie eine wenig nett gemeinte Behauptung klingen mag, ist eine landwirtschaftliche Tatsache. Es gibt nicht viele vergleichbare Großstädte, die sich zu 100 Prozent selbst mit Gemüse versorgen können – und auch die anderen Bundesländer gleich mit. Den Titel Gurkenhauptstadt trägt Wien, weil sechs von zehn heimischen Gurken von hier stammen. Und noch einen gemüsegärtnerischen Rekord gibt es zu vermelden: 40 Prozent der österreichischen Gewächshausfläche befinden sich ebenfalls in Wien.

Wien ist also eine Stadt der Gärtner – immer schon gewesen. Die klassische Wiener Gärtnerei besteht seit mindestens vier Generationen, oft gibt es (wie etwa beim Chilihof, → S. 73) noch im Familienbesitz ein kaiserliches Schreiben, das den Betrieb als k. u. k. Hoflieferant auszeichnet. Und in sehr vielen Fällen stammen die Vorfahren der heutigen Gärtner aus dem Waldviertel: Offenbar war es bereits im 19. Jahrhundert üblich, dass sich junge Menschen in die Stadt aufmachen, um dort ihr Glück zu versuchen (→ z. B. S. 85). Interessant ist, dass sich heute viele gestresste Städter ausgerechnet im Waldviertel auf die Suche nach einem ruhigen Zweitwohnsitz machen.

Noch eine Gemeinsamkeit haben die Wiener Gärtnereien, die sich allein schon durch die Flächen der Bezirke ergibt: Sie sind in den Randbezirken angesiedelt. Die meisten befinden sich in Simmering (v. a. Kaiserebersdorf) und der Donaustadt (Essling, Aspern, Breitenlee), teilweise auch in Floridsdorf (vor allem im Donaufeld).

Laut der Wiener Landwirtschaftskammer gibt es in Wien 225 Gartenbaubetriebe, hinzu kommen 22 Feldgemüsebaubetriebe. Insgesamt wird in Wien auf rund 382 Hektar Gartenbau betrieben.

Die Genossenschaft der Gärtner

Ein Großteil des Wiener Gemüses wird über die Genossenschaft LGV-Frischgemüse vertrieben. Hinter der Abkürzung verbirgt sich der ursprünglich verwendete Name »Landwirtschaftliche Gemüse- und Obstverwertungsgesellschaft«, an der heute rund 110 Gärtnereien beteiligt sind (großteils aus Wien, teilweise aus Niederösterreich, dem Raum Schwechat, einer aus dem Burgenland). »Das sind eigentlich alles Familienbetriebe. Es läuft hier alles sehr familiär, freundschaftlich und kollegial ab«, sagt Vorstand Florian Bell – ein Waldviertler übrigens. Gegründet wurde die LGV im Jahr 1946. Die Vorgängerorganisation, die »Gemüseverkaufsgenossenschaft von Wiener Gärtnern«, wurde bereits 1931 ins Leben gerufen – »als Reaktion auf die triste Versorgungs- und Absatzlage der Zeit nach dem Ersten Weltkrieg«, wie es in einer Festschrift der LGV heißt. Die Struktur der Wiener Gartenbaubetriebe hat sich in der Geschichte naturgemäß gewandelt. Die Betriebe wurden weniger, dafür größer. Vor allem der EU-Beitritt im Jahr 1995 hat zu einer Reduktion – manche nennen es auch Marktbereinigung – geführt. »In den letzten zehn bis 30 Jahren sind wir relativ konstant bei 110 Betrieben, aber im Jahr 1946 waren es zirka 800«, berichtet Bell.

Heute vertreibt die LGV-Frischgemüse knapp 38.000 Tonnen Gemüse im Jahr an Handelspartner in ganz Österreich. 42 Prozent davon machen Paradeiser aus, 29 Prozent Gurken, den Rest teilen sich Paprika, Kräuter, Blattsalat und Spezialitäten wie Melanzani oder Chili auf. Die Preise, die die Gärtnereien für ihre Ware bekommen, variieren Woche für Woche. »Das orientiert sich am europäischen Markt und hängt stark mit der Ware und dem Wetter zusammen«, erklärt Bell. Ganz schlecht sei etwa Sonnenschein über eine lange Zeit, der die Erntemenge in die Höhe treibt – und auf den dann zwei Wochen Regen folgen. »Da isst niemand Salat.«

Ein durchschnittlicher LGV-Betrieb hat etwa zwei Hektar zur Verfügung. Die Bandbreite reicht aber von 2000 bis 3000 Quadratmetern bis zu sieben Hektar. Der Bio-Anteil der LGV-Betriebe liegt im einstelligen Bereich. Bei Frischgemüse, das üblicherweise im geschützten Anbau kultiviert wird, sei das kompliziert. Der Großteil der Betriebe produziert zwar umweltschonend, etwa mit dem Einsatz von Nützlingen anstelle von chemischen Pflanzenschutzmitteln, aber nicht nach Bio-Richtlinien (was speziell im Glashaus schwierig ist, da die dort übliche Substratkultur in der Bio-Landwirtschaft nicht erlaubt ist).

Derzeit arbeitet die LGV daran, ein bisschen urbaner zu werden, wie Bell sagt. Das neue »LGV-Gärtnergschäftl« ist ein solches Projekt, bei dem frisches Gemüse mit möglichst wenig Verpackung und hübsch in Holzkisten drapiert verkauft wird. Der Standort ist übrigens passend gewählt. Mit der Adresse Kettenbrückengasse 20 ist es nur einen Steinschlag von jenem Ort entfernt, an dem schon die Vorfahren der heutigen Gärtner auf dieselbe Weise Gemüse verkauft haben: dem Naschmarkt.

Wiener Gartenbau in Zahlen

225 GARTENBAUBETRIEBE in Wien, davon

169 Gemüsebaubetriebe
(Fläche insgesamt: 328,28 Hektar)

53 Blumen- und Zierpflanzenbetriebe
(Fläche: 52,56 Hektar)

3 Baumschulen
(Fläche: 1,48 Hektar)

außerdem

22 Feldgemüsebaubetriebe

8 Obstbaubetriebe

Produktionsmenge

63.215 Tonnen pro Jahr
Gemüseproduktion insgesamt,
davon unter anderem

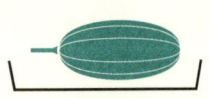

Gurke:
25.146 Tonnen

Paradeiser:
19.782 Tonnen

Salat: 6599 Tonnen

Paprika: 5769 Tonnen

Fläche Gartenbaubetriebe

382,32 Hektar
gärtnerisch genutzt Fläche,
davon

162,78 Hektar unter Glas und Folie

215,99 Hektar Freilandfläche einschließlich Flachfolie,
Vlies und Niederglas

3,56 Freilandfläche einschließlich Baumkulturen

162,78	215,99	3,56

(Stand: Juni 2017)

Gärtnerei Bach

Die Hüterin der Vielfalt

Eveline Bach ist die Spezialistin für Sortenvielfalt bei Gemüse und Kräutern. Das weiß vor allem die Gastronomie zu schätzen. Weil die Stadt immer weiterwächst, musste die Gärtnerei von Stadlau nach Essling ziehen.

Ohne sie wäre es in der heimischen Gastronomie wohl ein bisschen langweilig. Eveline Bach ist, wenn man so will, die Adresse, wenn es um Vielfalt bei Gemüse und Kräutern geht. Heinz Reitbauer bekommt noch bis in den Herbst hinein die Blüten der Duftpelargonien von ihr, Silvio Nickol schwört auf ihre Gewürztagetes, und die Gelbe Kosmee landet regelmäßig im Restaurant Heuer am Karlsplatz. Ganz zu schweigen von den rund 100 verschiedenen Paradeisersorten und noch einmal so vielen Chili- und Paprikasorten, den Gurkenraritäten – von der Schlangenhaargurke bis zur Russischen Gurke – oder anderen Besonderheiten wie thailändischem Wasserspinat, Rattenschwanzradieschen oder Okra.

Auch wenn sich die Gärtnerei Bach durchaus an Privatkunden richtet, ist es doch die Gastronomie, die mit ihrer stetigen Suche nach etwas Neuem die Vielfalt in der Gärtnerei erst richtig vorangetrieben hat. Die Gastronomen sind es auch, die Eveline und Mario Bach weiterhin die Treue halten – trotz des Umzugs, der 2017 über die Bühne ging. Der etwas längere Anfahrtsweg in die Hänischgasse in Essling ist für sie nicht einmal der Rede wert. Sie würden wohl noch weit mehr Kilometer in Kauf nehmen – im Gegensatz zu den meisten Privatkunden.

Mit der Stadt gewachsen Die Geschichte der Gärtnerei Bach ist durchaus typisch für eine Wiener Gärtnerei. 1899 wurde sie von Eveline Bachs Vorfahren gegründet, damals noch in Stadlau, am Contiweg. »Ein Teil meiner Familie stammt aus dem Waldviertel, aber mein Großvater ist schon in Wien geboren«, erzählt Frau

Bach und bittet an einen Gartentisch am Rande des Glashauses. Sie führt die Gärtnerei mittlerweile in vierter Generation. »Ich war das einzige Kind und dann, um Himmels willen, auch noch eine Tochter.« Sie habe sich oft einen Bruder gewünscht, um dem Druck, die Gärtnerei einmal zu übernehmen, nicht so stark ausgesetzt zu sein. »Aber es wurde mir nie vorgejammert, wie schwer der Beruf ist. Und ich durfte auch in jungen Jahren viel übernehmen. Mit 18, 19 Jahren hab ich mir die Kräuter selbst erarbeitet.« Es war also bald klar, dass sie ebenso Gärtnerin werden wollte. »Es war nur so, dass mir von den Gärtnerkollegen keiner gefallen hat, sondern ich mich in einen Mann verliebt hab, der kein Gärtner war.«

Bratislava ausgebaut. »Bratislava rückt wieder näher an Wien. In der Monarchie gab es ja eine Straßenbahn aus Bratislava, die bis vors Burgtheater gefahren ist«, sagt Mario Bach. Direkt neben dem alten Standort wird ab 2023 die neue Zugverbindung vorbeiführen. Es sei ihnen also nicht viel anderes übriggeblieben, als diesen aufzugeben und nach Essling, wohin sie ohnehin schon einen Teil der Produktion ausgelagert hatten, zu übersiedeln. Ganz einfach war das für Eveline Bach natürlich nicht: »Ich bin dort aufgewachsen, genauso wie mein Vater und mein Großvater. Aber wir wussten, dass das kommen wird. Wir hatten ja eine jahrzehntelange Bausperre, das kam nicht von heute auf morgen.«

Es ist nicht der erste Betrieb, der von der wachsenden Stadt an den Rand gedrängt wurde. »Früher waren die Gärtnereien im stadtnahen Gebiet, weil die Lagerfähigkeit nur begrenzt war. Das ganze Donaufeld, die Tokiostraße, die Albert-Schultz-Eishalle – das waren alles Gärtnereien«, sagt Eveline Bach. Auch der Karl-Marx-Hof befindet sich auf einem Gelände, das früher gärtnerisch genutzt wurde.

Kurz habe sie überlegt, ob sie die Gärtnerei überhaupt noch weiterführen sollen. »Es war eigentlich mein Gatte, der gleich gesagt hat: Wir machen weiter. Entscheidend war, ob wir genug Geld bekommen, damit es sich für uns ausgeht, hier etwas Neues aufzubauen. Wir wollten keine Schulden aufnehmen.« Es ging sich aus. Also wurden die Gärtnerei und das Privathaus – mitsamt ihren Eltern – übersiedelt. »Alle glauben, dass der Standort hier größer ist, aber das ist er nicht«, erzählt Mario Bach. »Wir sind um 1,5 Hektar kleiner geworden. Es ist nur alles an einem Platz und nicht mehr verstreut.«

Heute führt sie die Gärtnerei gemeinsam mit ihrem Gatten Mario Bach, der die HTL für Hochbau absolviert und Volkswirtschaftslehre studiert hat – und durchaus auch andere Ansätze hineinbringt. Er hat sich mittlerweile dazugesellt und erzählt: »Wissen Sie, wie oft ich gehört habe: Das macht man nicht so!? Zum Beispiel Zucchini im Glashaus kultivieren, weil es eine nicht so teure Kultur ist. Wir haben es trotzdem ausprobiert und verkaufen heute sehr viele Zucchiniblüten.« Anfang 2017 musste die Gärtnerei dann umziehen – der Stadtentwicklung wegen. Einerseits erweitert sich die Stadt, in Wien gibt es bekanntlich einen großen Bedarf an Wohnungen. Andererseits wird die Zugverbindung Richtung

Wertschätzung für die Pflanzen Der Direktverkauf sei durch den Umzug stark zurückgegangen. Die Leute aus der Stadt seien sehr träge, meint der Gärtner: »Das ist für sie schon das Ende der Welt, eine sehr kleine Welt.« Deshalb sind sie gerade dabei, die Vertriebsstruktur etwas umzustellen, damit ihre Kunden die Bestellungen etwa bei einem Gastronomiepartner abholen können.

Den Bachs ist es wichtig, ihren Kunden die Wertschätzung für frisches Gemüse näherzubringen – und ein Bewusstsein dafür zu schaffen, dass es eben nicht immer alles gibt. Die Saison läuft in der Gärtnerei von Mitte April bis Mitte Oktober. Auch wenn der Betrieb nicht bio-zertifiziert ist, wird sehr naturnah gearbeitet. Jede Kultur wächst in Erde und nicht in einem Substrat, wie sonst etwa bei Paradeisern üblich. Am neuen Standort wurde eine Photovoltaikanlage installiert, geheizt wird also mit Pellets und Solarenergie, im Sommer geht die überschüssige Energie in einen Pufferspeicher.

»Wir produzieren nicht auf Teufel komm raus, wir wissen, was geht und was wir verkaufen können«, betont Eveline Bach. »Wir haben die Fläche zur Verfügung und bewirtschaften sie extensiv. Eine Fruchtfolge ist wichtig und auch, dass sich der Boden dazwischen ausruhen darf.« Eine der beiden kleinen Katzen, die hier in der Gärtnerei herumtollen, dürfte das Stichwort aufgeschnappt haben und macht es sich in einer der Erntekisten neben dem Gartentisch gemütlich.

So wachsen im Freiland Kohl, Karfiol, Brokkoli, Stangensellerie, Knollenfenchel oder diverse Salate. Paradeiser, Paprika, Gurken, Melanzani, Radieschen, Spinatraritäten oder Chioggia-Rüben gedeihen hingegen in geschützter Kultur, also im Folientunnel oder im Glashaus. Rund 12.000 Quadratmeter Freilandfläche und knapp 7000 Quadratmeter geschützte Fläche stehen hier zur Verfügung. Neue Sorten kommen kaum noch dazu. »Wir haben einen so großen Fundus, wir müssen aufpassen, dass es nicht zu viel wird«, meint die Gärtnerin. Auch wenn für sie nicht viel Neues dazukommt, für den Laien gibt es hier immer etwas zu entdecken. Zum Beispiel den Mexikanischen Blattpfeffer: »Das Tolle daran ist, dass jeder Koch etwas anderes daraus macht!« Oder aber den Baumsauerklee: »Der kann mit seinen dicken Stielen wie ein Bäumchen auf die Speisen gesteckt werden.« Auch Rosenblättriger Salbei, Rosenweihrauch, Kubanischer Oregano oder Salzmelde gedeihen hier. Frau Bach geht gerne mit Köchen durch die Gärtnerei, für die sei das eine kleine Entdeckungsreise. »Die wissen das zu schätzen.« Sie selbst aber offenbar auch: »Wissen Sie, so viele Leute sagen, sie entspannen im Garten. Und wir dürfen hier arbeiten.«

Vielfalt in der Gärtnerei:
Russische Gurke, die Gurkensorte
Weiße aus Gargano, die Bittergurke
(oder auch Bittermelone) und ein
violetter Paprika (Im Uhrzeigersinn,
links oben beginnend)

Gärtnerei Bach

Eveline Bach

Hänischgasse 17, 1220 Wien

www.gaertnerei-bach.at

info@gaertnerei-bach.at

Tel.: 01 2809534

AB-HOF-VERKAUF: Mitte April bis Mitte Oktober:

Donnerstag 14–18 Uhr, Freitag 8–18 Uhr,

Samstag 8–12 Uhr

Schnelle Spaghettibohnen

ZUTATEN

750 g Spaghettibohnen
Oliven- oder Rapsöl
1 Knoblauchzehe
1 Handvoll Grüne Minze
Meersalz

ZUBEREITUNG

> Die Spaghettibohnen waschen, sie müssen nicht geputzt werden. (Nicht schneiden, damit man sie am Teller eindrehen kann.) Über Dampf oder in kochendem Wasser ein paar Minuten bissfest garen, herausnehmen und in Oliven- oder Rapsöl schwenken.
> Knoblauch schälen und blättrig schneiden, Minze fein hacken.
> Spaghettibohnen mit Knoblauch, Meersalz und Minze verfeinern. Die langen Bohnen zu kleinen Nestern drehen und als Beilage, etwa zu einem Steak mit Erdäpfeln, oder kalt auf Wildkräutersalat servieren.

TIPPS

Die Spaghettibohne ist eine der wenigen Bohnen, die roh gegessen werden kann.
Statt der Grünen Minze passen auch andere fruchtige Minzesorten – aber keine Pfefferminze, da das Menthol das Aroma übertönen würde.

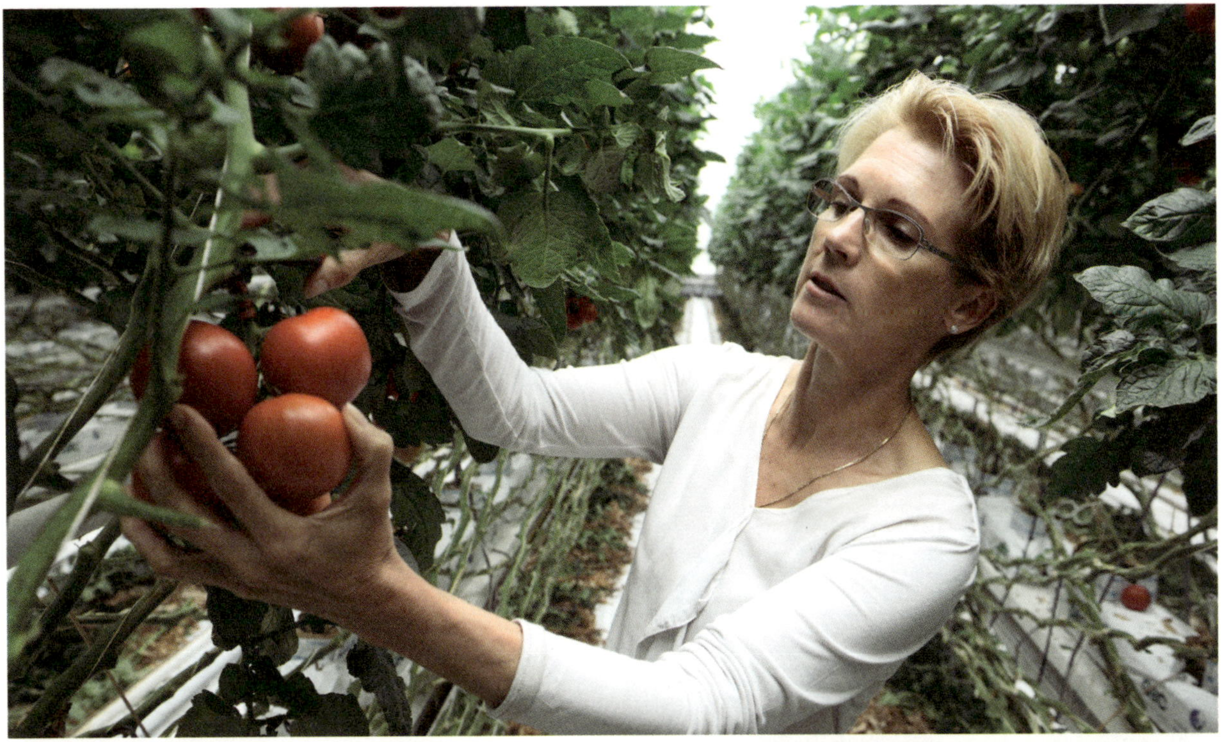
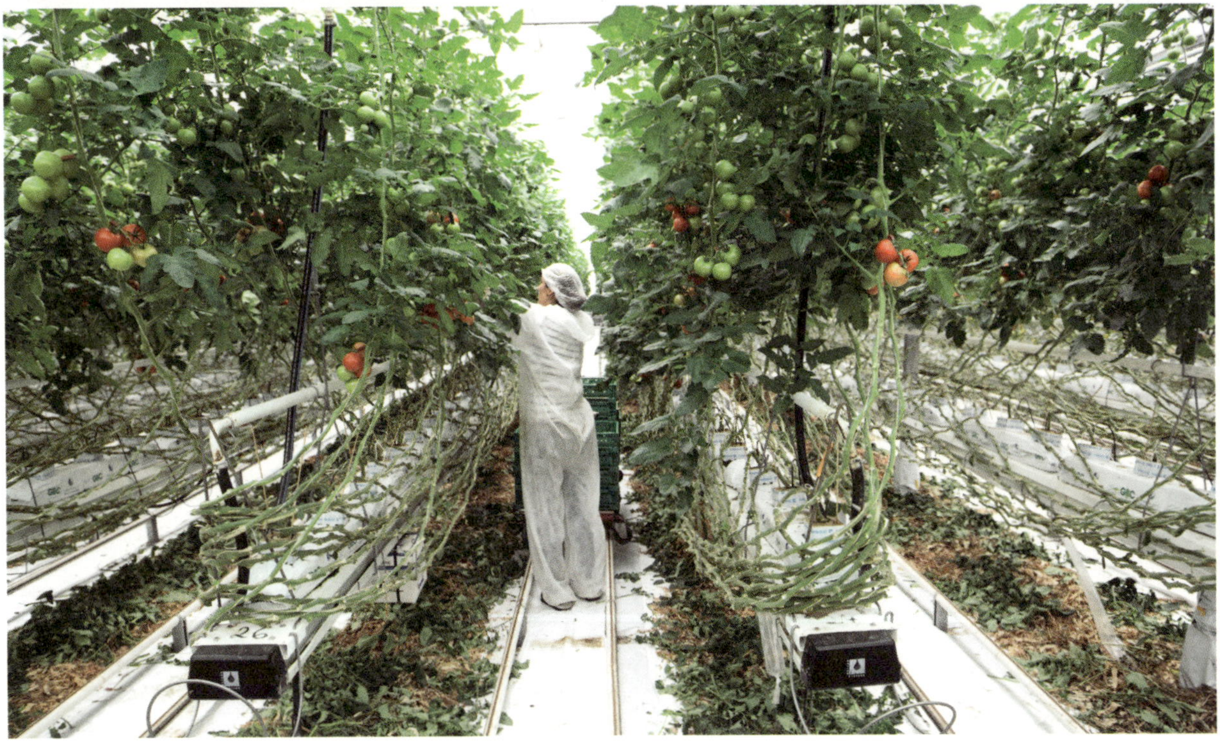

Paradeiser und Präsidenten

Marianne Ganger betreibt in vierter Generation eine Gärtnerei in der Donaustadt. Jedes Fleckchen wird hier genützt, Ordnung ist das oberste Prinzip. Das bringt auch den ein oder anderen hohen Besuch.

Marianne Ganger führt mit ihrer Familie in der Donaustadt einen Vorzeigebetrieb der Stadt. Ein bisschen ist man auch stolz darauf, hängen doch im Ab-Hof-Laden neben Fotos von unterschiedlichen Paradeisersorten und Rezepten ein paar Fotos vom Bundespräsident Alexander van der Bellen. Er hat gemeinsam mit seiner Gattin Doris Schmidauer die Gärtnerei Ganger besucht. Der Familienbetrieb, der bald von ihrer Tochter, die ebenfalls Marianne heißt, in fünfter Generation geführt wird, ist eine klassische Wiener Gärtnerei. Im Familienbesitz gibt es eine Urkunde aus dem Jahr 1898. »Darin bestätigt der Kaiser, dass hier ein landwirtschaftlicher Betrieb, also eine Gärtnerei, sein darf«, erzählt Ganger. »Früher war das ja ein Überschwemmungsgebiet der Donau, da war rundherum nichts. Das Gebiet hat sich über die Jahre entwickelt.« Und noch etwas ist typisch für die Branche: Die Familie ihres Gatten Franz ist wie so viele vor mehr als 100 Jahren vom Waldviertel in die Stadt – oder damals noch an den Stadtrand – gezogen. »Die Familie meines Mannes hatte immer schon eine Gärtnerei, das geht bis in die Zeit von Maria Theresia zurück.« Frau Ganger entstammt selbst ebenfalls einer Wiener Gärtnerei und hat in diesen Betrieb eingeheiratet.

Heute kultiviert Familie Ganger je 300 verschiedene Blumen- und Gemüsesorten im Topf, die für Balkon und Garten verkauft werden. Dazu kommen noch einmal knapp 100 verschiedene Gemüsesorten, die im Glashaus für den Ab-Hof-Laden kultiviert werden. Auf 15.000 Quadratmetern erstreckt sich die Glashausfläche, rundherum wird Bio-Gemüse auf einer Freilandfläche angebaut. Gearbeitet wird hier fast das ganze Jahr über. Natürlich nimmt im Winter die Arbeit ab, aber schon im Jänner wird mit der Anzucht von Balkon- und Gartenblumen begonnen. »Wir

säen alles selbst aus.« Hauptsaison ist von März
bis November, in dieser Zeit ist auch der Ab-Hof-
Laden geöffnet, der erst 2017 erneuert wurde.
»Teile des alten Hauses stammen noch aus dem
Jahr 1870. Jetzt haben wir einen neuen Teil gebaut, für den Ab-Hof-Verkauf, für Workshops
und für die Mitarbeiter.«

Noch bevor man die Glashäuser betritt, wird
deutlich, dass hier nicht nur alles sehr gepflegt
ist (»man will ja auch eine Freude damit haben«),
sondern auch so gut wie jedes Fleckchen genützt
wird. Entlang der Seitenwände des Glashauses
wird Thymian angebaut, zwischen den Glashäusern wurden auf einer Freifläche 15 Hochbeete
gebaut, die mit einer bunten Mischkultur be-
pflanzt sind. Hier wächst unter anderem Hop-
fen, der in der Floristik verwendet wird, sich aber
auch zum Bierbrauen eignen würde. »Sieht das
nicht hübsch aus?«, fragt Marianne Ganger angesichts der grün-violetten Asia-Salate. Außerdem gedeihen hier Mangold, Fisolen, Kräuter,

Blumen und sogar Süßkartoffeln. »Das soll ein guter Querschnitt der Gemüsevielfalt sein. Wir haben das vor allem für die Schülergruppen gemacht, die uns besuchen. Es liegt uns sehr viel daran, dass Kinder sehen, wie etwas wächst.« Seit knapp 15 Jahren gibt es die Workshops. »Der kleinste Garten ist ein Topf«, lautet Gangers Devise, die sie auch bei dem Schulprojekt »Kinder pflanzen Pflanzenkinder« vermittelt.

〰

Ei von Phuket oder Ananasparadeiser Auf der anderen Seite der Glashäuser liegen Freiflächen, auf denen Bio-Gemüse angebaut wird. »Hier haben wir eine Mischkultur, auf jedem Platz wird zwei Mal pro Saison etwas gepflanzt. Es soll ja ein Kreislauf sein.« Also folgt dem Lauch- das Blattgemüse, das später wiederum dem Kohlgemüse Platz macht. Bio-Gemüse wird seit drei, vier Jahren angeboten. »Offiziell, gearbeitet wird ei-

gentlich schon immer so, aber die Zertifizierung ist ein Riesenaufwand, weil alles dokumentiert werden muss.«

Weiter geht es ins Innere der Glashäuser. Von Anfang Februar bis Mitte November wachsen hier ein Dutzend verschiedene Paprikasorten und an die 40 verschiedene Chilis. Bei den Paradeisern liegt die Sortenvielfalt – inklusive der Jungpflanzen, die hier ebenso verkauft werden – gar bei 77. Darunter gibt es auch viele alte, fast vergessene Sorten, die vom Samenarchiv der Arche Noah stammen. Diese alten Sorten, etwa Ananasparadeiser, Ei von Phuket oder die Sorte Yellow Pearshaped, werden in Töpfen mit Muttererde gepflanzt.

Anders sieht das bei den herkömmlichen Sorten aus. Sie wachsen auf Kokosmatten und leben in einem ausgeklügelten System aus Tröpfchenbewässerung, Heizung und langen Schnüren, an denen die Pflanzen mithilfe eines Spindelsystems hochgezogen werden. »Die Pflanze würde ja immer weiter in die Höhe wachsen, man erntet sie ab und wickelt die abgeernteten Zweige mit der Spindel rundherum.« Schädlinge werden hier mit Nützlingen bekämpft, auf chemische Spritzmittel wird verzichtet. (Das Gemüse im Glashaus trägt aber kein Bio-Siegel, das würde eine Kultur mit Erde erfordern.)

Jede Woche müssen pro Paradeiserpflanze drei, vier Blätter ausgedünnt werden, jede Rispe erhält Verstärkung durch einen Bügel. Damit dieses effiziente System laufend funktioniert, ist viel Pflege nötig. Die Gärtnerin erklärt das so: »Man muss auf jedem Platz jede Woche einmal gewesen sein, sonst explodiert alles. Vor allem muss man viel pflegen, sonst kann man im Herbst nichts ernten.«

Melanzaniblüte, Pfefferoni und Zucchini

Der Schwiegersohn als Lehrling

Dass dabei auch einige Kilometer zurückgelegt werden, weiß vor allem ihr Schwiegersohn Daniel Ganger zu berichten, der hier im zweiten Bildungsweg eine Lehre macht. Die Arbeit in der Gärtnerei mache ihm viel Spaß, meint er in seiner erst zweiten Lehrwoche. »Wenn man nach Hause kommt, fühlt man sich, als ob man im Fitnessstudio gewesen ist.« Er hat mit der Lehre begonnen, nachdem sich seine Frau dafür entschieden hatte, die Gärtnerei einmal zu übernehmen. Sein Schrittzähler zeige ihm nach einem Tag in der Gärtnerei im Durchschnitt 20.000 Schritte an. »Früher im Büro waren das vielleicht 5000 – und man sagt ja, 10.000 Schritte sind gesund, alles darüber hinaus ist sportlich.«

Weiter geht es vorbei an unzähligen Paprika – darunter die süßen Naschpaprika, die gern als Schuljause verwendet werden – zu einer Reihe exotischer Pflanzen, die Marianne Ganger einst von Kunden bekommen hat. Zum Beispiel die lange, dünne Spaghettibohne (→ Rezept S. 103), die ihr aus dem Iran mitgebracht wurde, oder auch die noppige Bittergurke (oder Bittermelone → Rezepte S. 111, Foto S. 101), die sie von einer Japanerin bekommen hat. »Zum Kochen im Wok ist das ein ganz feines Gemüse, es hat einen angenehmen Duft, ein bisschen wie Honig.« Am Ende des Rundgangs stoßen wir auf eher ungewöhnliche Gärtnereibewohner: die Haushühner. »Da schließt sich der Kreis, die bekommen die Abfälle vom Gemüse.«

Dass der Betrieb weiterhin in Familienbesitz bleiben kann, auch dafür ist schon gesorgt. Marianne Ganger hat bereits Enkel, zwei Buben. Die sind zwar noch klein, haben aber schon gemeint: »Oma, in 30 Jahren sind wir hier die Chefs.«

Genuss-Gärtnerei Ganger

Marianne Ganger
Aspernstraße 15–21, 1220 Wien

www.gaertnerei-ganger.at
fm@gaertnerei-ganger.at
Tel.: 0664 8450472
AB-HOF-VERKAUF: Montag bis Freitag 8–18 Uhr,
Samstag 8–16 Uhr

Gefüllte Bittergurke

ZUTATEN

250–300 g Faschiertes (gemischt)
1–2 Frühlingszwiebeln
1–2 Pilze
2–3 Bittergurken (bzw. -melonen)
etwas Knoblauch
etwas frischer Ingwer
Öl zum Anbraten
etwas Fleisch- oder Gemüsebrühe
helle Sojasauce
evtl. etwas Stärke
Salz & Pfeffer

ZUBEREITUNG

> Das Faschierte mit Salz und Pfeffer würzen, Frühlingszwiebeln und Pilze klein hacken und daruntermischen. Alles in einer Pfanne anbraten.

> Die Bittergurken halbieren, entkernen und in gleichmäßige, ca. 3–4 cm lange, zylinderförmige Stücke schneiden. Sorgfältig ausschaben und mit dem Faschierten füllen.

> Die gefüllten Bittergurken ca. 2 Minuten dämpfen. Vor dem Servieren Knoblauch und Ingwer nach Geschmack in einem Wok mit wenig Öl anbraten, mit Brühe ablöschen, einen Spritzer helle Sojasauce dazugeben, evtl. mit etwas Stärke andicken und über die Bittergurken geben.

Bittergurke mit Ei

→ Foto S. 101

ZUTATEN

1–2 Bittergurken (bzw. -melonen)
2–3 Eier
Frühlingszwiebeln
Öl
2–3 Knoblauchzehen
etwas Gemüsebrühe, Weißwein
   oder Bier zum Ablöschen
½ rote Paprikaschote, gewürfelt
1 kleine rote Chili
etwas helle Sojasauce

ZUBEREITUNG

> Bittergurken halbieren, entkernen und ausschaben. Die gesäuberte Frucht in 3–5 mm dünne Streifen schneiden.

> Eier mit den klein geschnittenen Frühlingszwiebeln verrühren. In einem Wok reichlich Öl erhitzen, bis es dampft, dann die Eimasse zugeben. Nicht umrühren, sondern wenden, wenn die Masse stockt. Die Hitze etwas reduzieren, bis das Ei komplett durchgebraten ist. Aus der Pfanne nehmen, Öl abtropfen lassen und beiseitestellen.

> Knoblauch und Bittergurken im Wok anbraten und ablöschen, Paprika und Chili zugeben.

> Zum Schluss das Ei in 2 bis 3 cm große Stücke teilen und auf den Bittergurken servieren.

Das flüssige Wiener Wahrzeichen

Der Wein kann auch ohne Wien ganz gut auskommen. Wien ohne Wein lässt sich hingegen nur sehr schwer vorstellen. Das Wienerlied, die Gemütlichkeit, ja selbst der eine oder andere Wiener Bürgermeister wäre ohne ein gepflegtes Achterl nicht vorstellbar. Wobei, so gepflegt, wie er heute wird, wurde der Wiener Wein schon lange nicht mehr – zumindest in Hinblick auf die jüngere Weingeschichte.

Denn Wein gibt es in Wien schon so lange, wie es die Wiener gibt – auch wenn sie damals noch keine Städter im heutigen Sinn waren. Aber dass sich Menschen in Wien angesiedelt haben, hat natürlich auch mit den fruchtbaren Böden und dem Wasser zu tun. Das wusste man schon in der Antike zu schätzen, bereits die alten Römer haben hier Wein angebaut. Seither ist die Geschichte der Stadt eng mit dem Weinbau verbunden. Bis ins 16. Jahrhundert verdankte die Stadt einen Großteil des Wohlstandes dem Weinbau. Er war damals wesentlich stärker verbreitet als heute und wurde etwa auf der Landstraße, in Wieden, Matzleinsdorf, Gumpendorf, Lerchenfeld sowie in den Bezirken Hernals, Währing und Döbling betrieben. Selbst in der Wiener Innenstadt wurde in privaten Gärten Wein angebaut. Aufzeichnungen von besonders ertragreichen oder besonders schlechten Weinjahren gibt es bereits seit dem 13. Jahrhundert. Eine Weinsteuer wurde im Jahr 1383 eingeführt. Die Donau bot zudem den Vorteil, dass Wiener Wein bis nach Bayern exportiert werden konnte. Importierter Wein war hingegen streng verboten. Erst im Laufe des 17. Jahrhunderts ging der städtische Weinbau massiv zurück. Die Gründe dafür kommen einem heute bekannt vor: Die Stadt wuchs und damit der Bedarf an Wohnflächen. Gleichzeitig wurde der Import ausländischer Weine ermöglicht.

Reblaus, Weinskandal und Heurigen-Boom

Ende des 19. Jahrhunderts hatte auch der Wiener Wein mit der Reblaus zu kämpfen. Rund ein Jahrhundert später folgte bekanntlich der Weinskandal, der im ganzen Land kein schönes Licht auf die Weinbranche warf. Ein bisschen dürfte es diesen Skandal, bei dem Wein mit Frostschutzmittel gepanscht wurde, aber gebraucht haben. Was darauf nämlich österreichweit folgte, lässt sich durchaus als kleines Weinwunder bezeichnen: Dank strengem Weingesetz und verstärktem Fokus auf Qualität wurden plötzlich hochwertige Weine produziert.

Nur in Wien hat es ein bisschen gedauert. Hier setzte man lange auf billigen Heurigentourismus. »Der Heurige war die Cashcow der Winzer«, erinnert sich Fritz Wieninger, der 1987 als Winzer begonnen hat. Ab den 1990er-Jahren sei der Heurigen-Boom aber stark zurückgegangen. Gleichzeitig hätten die Winzer entdeckt, dass beim Wein sehr wohl eine Wertschöpfung möglich ist, wenn man auf Qualität setzt. Anfang 2000 konnte Wieninger einen gewissen »Spirit«, wie er es nennt, in der Branche beobachten.

Im Jahr 2006 gründete er gemeinsam mit seinen Kollegen Michael Edlmoser, Rainer Christ und Richard Zahel die Winzervereinigung WienWein, die es sich zur Aufgabe gemacht hat, Image – und Qualität – des Wiener Weins aufzupolieren. Als Zugpferd haben sie einen Wein auserkoren, der älteren Semestern noch als eher minderwertiges Produkt in Erinnerung sein dürfte, jüngeren aber als vielschichtiger Qualitätswein: den Gemischten Satz, den man am besten als eine Cuvée im Weingarten definieren kann. Denn während bei einer klassischen Cuvée die verschiedenen Sorten erst bei der Verarbeitung zusammengemischt werden, dürfen diese beim Gemischten Satz in anregender Nachbarschaft im Weingarten wachsen (→ S. 126). Früher war das eine gängige Praxis, um das Risiko breiter zu streuen. Immerhin haben nicht alle Sorten dieselben Bedürfnisse, geschweige denselben Reifezeitpunkt. Irgendwie war diese Praxis durch den Fokus auf die Reinsortigkeit aber vorübergehend verloren gegangen.

Wiener Bier

Bier fristet in Wien ein Schattendasein. Nicht was den Konsum betrifft, da können die Wiener durchaus mit anderen Bundesländern mithalten. Aber was die Produktion und vor allem die Tradition und das Dasein als städtisches Kulturgut angeht, hat es Bier in Wien schwer. Natürlich gibt es die Ottakringer Brauerei und mittlerweile ein paar kreative Kleinstbrauereien. So haben vor ein paar Jahren zwei IT-Spezialisten ihrem Hobby, dem Bierbrauen, einen höheren Stellenwert gegeben und aus einer rund 50 Quadratmeter großen früheren Konditorei ihre Xaver Brauerei gemacht – ausgerechnet in Ottakring. Auch sonst gibt es im Zuge des Craft-Beer-Booms ein paar Mini-Brauereien in der Stadt. Die dafür benötigten Zutaten, werden – anders als beim Wein – aber nicht in der Stadt produziert.

Lagenklassifizierung statt Heckenklescher

Heute ist der Gemischte Satz das Aushängeschild der Stadt. Die Wien-Wein-Gruppe ist mittlerweile gewachsen: Während sich Richard Zahel nach fünf Jahren verabschiedete, sind das Weingut Cobenzl (das zur Stadt Wien gehört), das Weingut Mayer am Pfarrplatz (das größte der Stadt) und das Weingut Fuhrgassl-Huber dazugestoßen.

Heute wird in Wien auf 659 Hektar Weinbau betrieben (→ S. 9). Bei 80 Prozent handelt es sich um Weißwein, vorwiegend um die Sorten Gemischter Satz (streng genommen keine Sorte), Grüner Veltliner, Riesling, Weißburgunder und Chardonnay. Beim Rotwein werden vor allem Zweigelt, Blauburgunder und Merlot kultiviert. Geht es nach WienWein-Sprecher Fritz Wieninger, könnte es bald weit mehr Pinot noir geben. Er sieht bei dieser Sorte in Wien noch viel Potenzial. Das nächste Projekt der Winzer ist die Lagenklassifizierung.

Die wichtigsten Wiener Weinbaugebiete liegen heute naturgemäß am Stadtrand. Döbling hat mit rund 300 Hektar die größten Rebflächen, gefolgt von Floridsdorf (250 Hektar). Die Bezirke Liesing (43 Hektar), Favoriten (24 Hektar) und Hernals (8 Hektar) machen einen vergleichsweise kleinen Anteil aus. Hietzing, Ottakring und Donaustadt, die gemeinsam sieben Hektar bewirtschaften, fallen dabei kaum ins Gewicht. Der Bio-Flächenanteil liegt bei 23 Prozent.

Der Wiener Wein erlebt also derzeit durchaus eine Blütezeit. Sollte sich das wieder ändern – wovon derzeit nicht auszugehen ist –, wird er aber genauso zur Stadt gehören, wie das noch vor einem halben Jahrhundert der »Heckenklescher« getan hat, mit dem man beim Heurigen den Weltschmerz besungen hat. Auch das gehört bekanntlich zu Wien.

Weinbau Obermann

Auf ein Achterl mit Prinz Charles

Martin Obermann hat seinen Job als Weinbauberater an den Nagel gehängt und betreibt nun in Grinzing ein Bio-Weingut mit hübschem Heurigen. Dass hier auch schon Prinz Charles zu Besuch war, hängt er nicht an die große Glocke.

»Der Chef ist hinterm Haus«, sagt die freundliche Dame, die gerade das Heurigenlokal der Familie Obermann in Schuss bringt. Es ist Ende September und somit Erntezeit. Martin Obermann hat es nicht weit zur Lese. Hinter dem Haus befindet sich nämlich der Steinberg, der Hausberg des Weinguts Obermann, in dem gerade Grüner Veltliner gelesen wird. Berg ist in diesem Fall die richtige Bezeichnung. Es geht steil hinauf, bis man den Winzer und seine Helferinnen bei der Lese erreicht. »Der Dame wird jetzt gleich warm sein«, sagt Obermann zu seinen Erntemitarbeiterinnen und schmunzelt. Er hat Recht. Oben angekommen, muss man erst einmal die Jacke ausziehen. Erst

dann kann man die wunderschöne Aussicht betrachten und kommt so schnell aus dem Staunen nicht mehr heraus. Hier, vom Steinberg aus, bietet sich ein herrlicher Blick auf die Stadt, von der Grinzinger Pfarrkirche bis hin zu AKH und Stephansdom.

Martin Obermann, in Jeans, Hemd und Wanderschuhen, erntet hier in aller Ruhe händisch mit einer Gartenschere die Trauben. »Die Beeren, die schon leicht von den Wespen angefressen wurden, schneiden wir weg«, erklärt er und entfernt, nachdem er die Weintraube abgeschnitten hat, die einzelnen weniger hübschen Beeren. Drei Grinzingerinnen helfen ihm dabei. Sie stellen sich als freiwillige Erntehelferinnen vor, die es schätzen, wie Obermann arbeitet – nämlich nach biologischen Richtlinien –, und stolz darauf sind, so einen Winzer in der Nachbarschaft zu haben. Die Arbeit macht den Damen an so einem prachtvollen Herbsttag sichtlich Spaß.

Ernten, bis die Jausenfee kommt Geerntet wird in kleine Kübel, die in alle paar Meter aufgestellte rote Kisten entleert werden. Die wiederum werden dann von einem schmalen Traktor abgeholt. »Wir ernten so lange, bis wir die Jausenfee sehen«, sagt Silvia Kotterer, eine der Helferinnen, die auch in dem Kulturverein »Kultur und Natur Grinzing« tätig ist. Die Jausenfee – Obermann nennt sie Minerl – ist eine Lichtspiegelung am Dach des Stephansdoms, die im Frühling und Sommer gegen 17 Uhr von den Grinzinger Weinbergen aus zu sehen ist und an eine Frau mit Kleid und Schleier erinnert. Jausenfee heißt die Erscheinung deshalb, weil die Erntearbeiter dann wissen, dass es für heute genug ist.

Insgesamt vier Hektar bewirtschaftet Obermann in Grinzing, aufgeteilt auf den Steinberg, der bis zum Krapfenwaldlbad reicht, den Mitterberg am Fuße des Nussbergs, die Riede Sommeregg und einen Weinberg bei der Kaasgrabenkirche, in dem auch regelmäßig zum Picknick geladen wird. Obermann ist seit 2013 hauptberuflich Winzer, zuvor war er Weinbauberater bei der Wiener Landwirtschaftskammer.

Der Betrieb wird mittlerweile in fünfter Generation geführt. »Meine Großeltern haben noch eine typische Mischwirtschaft betrieben, mit Kühen und Schweindln. Damals war Grinzing ein altes Bauerndorf, abgeschnitten von der Stadt. Die letzte Kuh gab es in Grinzing in den 60er, 70er Jahren.« Obermann überlegt kurz. »Aber heute fangen viele wieder mit Hendln an, es geht wieder in die Richtung.« Seine Eltern haben dann nur noch im Nebenerwerb Weinbau betrieben. Die Fläche wurde auf 1,5 Hektar reduziert. Martin Obermann hat den Betrieb wieder Schritt für Schritt vergrößert, die Konzentration auf Wein ist aber geblieben. Seit 2007 bewirtschaftet er biologisch. Die erste Bio-Ernte gab es nach einer dreijährigen Umstellungsphase im Jahr 2010.

Obermann wundert sich, wenn er daran zurückdenkt, wie sein Großvater noch gearbeitet hat. Denn heute dürfen zwischen den Reben alle möglichen Beikräuter wachsen, um den Boden aufzulockern, die Wasseraufnahme der Pflanzen dadurch zu erleichtern und auch den steilen Hang zu schützen. »Bei meinen Großvater durfte kein Grashalm stehen, da wurde mit der Haue alles ausgerissen. Die Erde war ganz nackt, nicht einmal einen Fußabdruck durfte man sehen«, erzählt er und lacht. »Wenn es geregnet hat, hat es die ganze Erde hinuntergeschwemmt, danach hat man sie eingesammelt und wieder raufgetragen – eine spannende Beschäftigung.« Das kann er sich heute dank der Begrünung sparen. Auch sonst sei ihm eine biologische Wirtschaftsweise nicht nur wichtig, sondern vielmehr selbstverständlich. »Man macht das für den Wein, aber auch für sich selbst. Wenn man den ganzen Tag im Weingarten ist, spürt man ja die Pflanzenschutzmittel auf der Haut. Seit wir biologisch arbeiten, habe ich das Gefühl, dass es nicht so giftig ist wie das Konventionelle.«

»Da schau her, der Prinz Charles« Die biologische Wirtschaftsweise hat der Familie Obermann hohen Besuch eingebracht, um den ihn wohl so gut wie jeder Wiener Winzer beneidet. 2017 war der englische Thronfolger Prinz Charles im Zuge seiner Wienreise am Weingut zu Gast. Obermann erinnert sich noch an das lange Prozedere im Vorfeld. »Vertreter der britischen Botschaft

der Winzer gerne auf den Medienrummel inklusive Paparazzi verzichtet hätte. »Aber natürlich ist das schön und für unsere Stammgäste eine Bestätigung. Die haben gesagt: Wir haben es ja schon immer gewusst.«

Wenn man Obermann so zuhört, wie er über seinen Betrieb spricht, versteht man schnell, warum die britische Botschaft ihn ausgewählt hat. Nicht nur, dass er einen der wenigen Bio-Betriebe inklusive hübschem Heurigen führt, er ist auch ein ausgeglichener Mensch, der anderen mit Respekt und Höflichkeit begegnet. Trotz Lesezeit und damit Hauptsaison nimmt er sich Zeit, um uns durch den kleinen Betrieb zu führen. Er selbst wohnt mit seiner Frau und den drei Kindern mittlerweile in Klosterneuburg. Die Verarbeitungsräume befinden sich ebenso wie der Weinkeller beim Heurigenlokal. Es ist ob der steilen Lage alles sehr eng und schmal. »Eine Katastrophe zum Bewirtschaften, aber es funktioniert.«

In einem kleinen Raum oberhalb des Weinkellers werden die Trauben zuerst von den Kämmen getrennt, anschließend kommen sie in die Presse und lagern danach in offenen Tanks, für ein paar Stunden bis Tage. »Wir lassen sie zuerst ein bisschen oxidieren, um die Gerbstoffe zu verringern. Weil wir als Bio-Betrieb keine Schönungsmittel verwenden dürfen. Ein konventioneller Betrieb kann sich mit anderen Mitteln helfen, mit Kunststoffen, die die Gerbstoffe binden. Die tun sich da leichter.« Danach kommt der Wein – oder vielmehr dessen Vorstufe – in den Weinkeller, wo er in Gärtanks zu Alkohol umgewandelt wird.

Es ist ein kleiner, dunkler Keller mit altem Gewölbe. »Mein Vater und ich wollten ihn ver-

waren da und haben gesagt, sie suchen einen Heurigen für einen hohen Besuch aus London. Auf mich sind sie gestoßen, weil ihnen meine Arbeitsweise gefällt. Das hat mich schon gefreut.« Lange haben die Botschaftsmitarbeiter nur von hohem Besuch gesprochen und nicht verraten, um wen es sich handelt. »Irgendwann wollte ich dann aber schon wissen, wer da zu mir kommt.« Die Diplomaten blieben hartnäckig, sprachen aber immerhin von einem Mitglied des Königshauses und einer Person, die sich sehr für die biologische Landwirtschaft interessiert. »Mir hat das damals aber nichts gesagt. Erst zu Hause habe ich dann nachgelesen und mir gedacht: Da schau her, das ist ja der Prinz Charles.« Der Besuch war dann eigentlich sehr nett, auch wenn größern und haben die Wände links und rechts von dem schmalen Gang ausgeschlagen: Alles Felsen! Da wussten wir, warum der Weinkeller nie vergrößert wurde.«

Heute lagern die Weine in Edelstahltanks. Die Holzfässer stammen noch aus jener Zeit, als Weine nicht reinsortig ausgebaut wurden und alles zusammengemischt wurde. »Mein Großvater hatte als Weinauswahl nur einen Heurigen, also den aktuellen Jahrgang, und einen Alten. Nicht einmal einen Roten hat er gehabt. Im Gegensatz zu früher sind heute die Ansprüche sehr hoch.« So braucht er für jede Sorte ein eigenes Fass. Besonders stolz ist Obermann auf seinen Gemischten Satz (→ S. 126), dessen Reben noch vom Großvater ausgesetzt wurden. 13 verschiedene Sorten wachsen in einem Weingarten, die Stöcke sind gut 70 Jahre alt. Auf die Frage, welche Sorten das genau sind, sagt er nur: »Alle, die Ihnen einfallen, und noch ein paar mehr.« Zum Beispiel Gutedel, eine heute seltene Weißweinsorte, die auch in Deutschland und der Schweiz angebaut wird. Neben dem Gemischten Satz wachsen in Obermanns Weingarten die Sorten Riesling, Pinot blanc, Chardonnay, Müller-Thurgau, Neuburger, Grüner Veltliner und Zweigelt. Seit Kurzem produziert er zusätzlich einen Rosé Frizzante.

Mittlerweile ist auch seine Frau Christiane in das Heurigenlokal gekommen. Sie schaut kurz vorbei, stellt sich vor und eilt in die Küche. »Meine Frau kocht am Vormittag für den Heurigen, dann fährt sie nach Hause und kümmert sich um die Kinder.« Derzeit ist nämlich nicht nur Lesezeit, sondern auch »ausg'steckt«: Von Mai bis Ende September hat der Heurige von Mittwoch bis Sonntag geöffnet, danach nur an den Wochenenden.

Martin Obermann ist bei seiner Arbeit im Weingarten und -keller auf die freiwilligen Helfer in der Erntezeit angewiesen. Ansonsten hat er mit Pavel nur einen Mitarbeiter. Die Kinder helfen hin und wieder mit, sind aber vor allem mit der Schule beschäftigt. Ob eines der drei den Betrieb eines Tages übernehmen wird, ist noch völlig offen. »Wenn sie möchten, gern. Sonst hat es keinen Sinn.« Aber die Frage stellt sich für ihn noch lange nicht. Jetzt ist er einmal damit beschäftigt, den aktuellen Jahrgang – ein sehr guter übrigens, wie er sagt – zu Wein zu machen und den Besucherandrang, der mit Hilfe des britischen Prinzen gestiegen ist, abzufangen. Gehudelt wird hier aber dennoch nicht. Obermann bedankt sich für den Besuch, nimmt wieder seine Gartenschere in die Hand und marschiert den steilen Hausberg hinauf, um weiter zu lesen. ⋀

Weinbau Obermann

Christiane & Martin Obermann
Cobenzlgasse 102, 1190 Wien

www.weinbauobermann.at
mail@weinbauobermann.at
Tel.: 0664 4519927, 0664 2013633
HEURIGER: Öffnungszeiten siehe Website

Topfentorte

ZUTATEN

200 g Butter
200 g Zucker
4 Eier
950 g Topfen
4 EL Grieß
2 EL Vanillepudding
1 EL Backpulver
1 EL Vanillezucker
1 EL Rum
1 TL Zitronenpulver

Butter für die Tortenform

ZUBEREITUNG

> Handwarme Butter, Zucker und Eier schaumig rühren, dann Schritt für Schritt alle übrigen Zutaten hinzufügen und zusammen lange rühren.
> In eine eingefettete Tortenform füllen und bei 180 °C ca. 1 Stunde bei Ober-/Unterhitze backen.

TIPP

Dazu passt ein Glas von der Grinzinger Sonne 2016 (Cuvée aus Pinot blanc und Chardonnay).

Weingärtnerei Uhler

Der Musiker im Weingarten

Der Geiger Peter Uhler hat zum richtigen Zeitpunkt seine Leidenschaft für die Landwirtschaft entdeckt. Als Ausgleich zur Arbeit im Orchester produziert er einen Gemischten Satz nach historischem Grinzinger Setzmuster und auch einen roten Gemischten Satz.

Peter Uhler hat den richtigen Zeitpunkt erwischt: Zur Jahrtausendwende entschloss sich der Musiker, seiner privaten Leidenschaft – der Landwirtschaft – nachzugehen. Und da seine Großmutter ein Häuschen in einer Kleingartensiedlung hatte, die neben den Weingärten am Reisenberg im 19. Wiener Gemeindebezirk liegt, entschied er sich für den Wein. »Heute hab ich 2,5 Hektar auf zehn oder elf Weingärten verteilt. Begonnen hab ich 2001 mit einem kleinen Weingarten auf nur 2000 Quadratmetern. Sehr langsam, weil ich mir alles selbst beigebracht habe«, erzählt Uhler, der hauptberuflich Geiger beim ORF Radio-Symphonieorchester Wien ist und auch bei den Neuen Wiener Concert Schrammeln spielt. Schon als Kind hat er sich für die Landwirtschaft ebenso wie für die Musik interessiert. Dass er dann Musik studierte, lag schlicht daran, dass er damit schon früher

anfangen konnte, nämlich mit 15. »Die Begeisterung für Wein ist erst später dazugekommen.« Als diese dann groß genug war, hat er sich also umgehört, ob er nicht einen Weingarten übernehmen könnte. »Damals haben viele kleine und sogar große Winzer Flächen zurückgegeben und aufgehört. Es gab ein Absatzproblem, der Weinmarkt ist eingebrochen. Die waren froh, wenn das wer übernommen hat.« Das lag nicht nur am Generationenwechsel. Das Interesse für Wiener Wein war damals einfach nicht so groß wie heute (→ S. 114). »Das hat sich zum Glück total geändert.«

2001 kelterte Uhler seinen ersten Wein. Jahr für Jahr sind seither neue Flächen dazugekommen. Heute will er bei den 2,5 Hektar bleiben. »Das ist eine Größe, die ich allein schaffen kann. Ich will nicht zu groß werden, und es ist auch finanziell nicht notwendig, weil ich ja noch einen

Wiener Gemischter Satz

Was heute ein Vorzeigeprodukt der Wiener Winzer ist, war früher eine schlichte Notwendigkeit. Lange bevor man auch hierzulande die Reinsortigkeit entdeckte, war der Gemischte Satz – sprich das wilde Durcheinanderwachsen verschiedener Weißweinsorten im Weingarten – gang und gäbe. Diese „Cuvée im Weingarten" sollte vor allem das Risiko bei der Ernte minimieren, indem frühe und späte, empfindliche und robuste Sorten nebeneinander ausgepflanzt wurden. Der Wiener Weinlegende Franz Mayer und der Winzervereinigung WienWein (→ S. 114) ist es zu verdanken, dass sich der Gemischte Satz mittlerweile zum Paradewein der Stadt entwickelt hat. Seit 2013 hat der Wiener Gemischte Satz DAC-Status und somit eine geschützte Herkunftsbezeichnung. Mittlerweile ist auch streng geregelt, was genau sich Wiener Gemischter Satz nennen darf: Kurz zusammengefasst muss er aus mindestens drei verschiedenen Qualitätsweinsorten, die im selben Wiener Weingarten wachsen, bestehen. Der größte Anteil einer Rebsorte darf nicht höher als 50 Prozent sein, jene Sorte mit dem kleinsten Anteil muss zu mindestens zehn Prozent vorhanden sein.

Auch von Slow Food wurde der Gemischte Satz mittlerweile zum Presidio-Produkt gekürt.

Ein typischer Gemischter Satz braucht je eine oder mehrere Sorten für die Basis, zum Beispiel Grüner Veltliner oder Weißburgunder, eine Sorte für die Säure und eine für die Aromatik oder auch das „Gschmackerl", wie das gerne genannt wird.

anderen Job habe.« 2006 folgte die Umstellung auf die biologische Wirtschaftsweise. Ansatzweise bewirtschaftet er die Weingärten auch biodynamisch. »Man muss dafür sehr eng mit dem Weingarten leben. Der Weingarten erzieht den Winzer, das ist eine sehr intime Beziehung«, sagt er am Weg zu seinem Garten am Reisenberg, in dem in der schönen Jahreszeit einmal im Monat eine Buschenschank betrieben wird. Oben angekommen, hat man einen wunderschönen Blick auf die Stadt – vom DC Tower über das AKH bis hin zum Wienerberg. Etwas näher ist auch die Kleingartensiedlung zu sehen, in der Uhler im Sommer mit seiner Familie wohnt. Das Häuschen der Großmutter hat er längst übernommen und ausgebaut.

Der Wein wird in einem eigenen Keller in Döbling gemacht – oder, besser gesagt: finalisiert. Denn die eigentliche Arbeit findet für Uhler – wie für viele Winzer, die besonders naturnah

arbeiten – im Weingarten statt. Der Großteil der Laubarbeit erfolgt händisch. »Man muss seine Weingärten gut kennen. Bei jeder Sorte und in jedem Weingarten ist die Himmelsausrichtung anders. Nach zwei, drei Jahren weiß man aber, was der Wein braucht.«

Roter Gemischter Satz Dort, wo auch die Buschenschank stattfindet, wächst ein ganz besonderer Wein. Für den weißen Gemischten Satz ist der Wiener Wein mittlerweile bekannt. »Ich hab mir gedacht, das muss doch auch mit Rotwein gehen.« Also hat er vier Sorten gemeinsam ausgesetzt: Sankt Laurent, Pinot noir, Blauburgunder und Portugieser. Das hat – wie ganz generell beim Gemischten Satz – auch wirtschaftliche Gründe: »Burgundersorten sind relativ anfällig. Durch die Streuung der Sorten ist das Risiko

127

selbst bei widrigen Bedingungen nicht so hoch.«
Der rote Gemischte Satz ist aber auch für den
kleinen Ein-Mann-Betrieb, hinter dem wie so oft
auch eine Ehefrau steht, ein Nischenprodukt. Le-
diglich ein 225 Liter fassendes Barriquefass wird
damit jedes Jahr befüllt. Hauptsächlich produziert Uhler nach wie vor weißen Gemischten Satz
aus mittlerweile drei verschiedenen Lagen. »Ich
hab nur Lagenweine«, sagt er nicht ohne Stolz.

Erst kürzlich ist ein neuer Wein hinzuge-
kommen, der sich an der Geschichte orientiert.
»Früher einmal, im 19. Jahrhundert, war der
Wiener Wein sehr en vogue. Da wurde am kai-
serlichen Hof viel Wiener Wein getrunken, er
war etwas Besonderes.« Irgendwie sei das dann
über Jahrzehnte, oder besser gesagt Jahrhunder-
te, verloren gegangen. In der Kaiserzeit gab es
das sogenannte Grinzinger Setzmuster, auf das
Uhler bei seiner Recherche gestoßen ist – sieht
er doch als eine der Parallelen zur Musik die intensive gedankliche Vorbereitung auf den Wein
oder eben die Musik. In alten Büchern ist dieses
Setzmuster für den damals sehr beliebten Wein
beschrieben: Weißburgunder, Riesling und Traminer, in dieser Reihenfolge. 2014 hat Uhler
einen Weingarten nach genau dem Muster ausgepflanzt, drei Jahre später wurde erstmals ein
solcher Grinzinger Gemischter Satz abgefüllt.
»Ich versuche auch, ihn in traditioneller Art und
Weise auszubauen. Die Trauben werden also mit
den Füßen gestampft statt mit Maschinen. Für
die Reifung kommen sie in ein gebrauchtes Holz-
fass. Ich will die Tradition auch im Keller weiterführen, nicht nur im Sortenspiel.«

Duft-Dispenser gegen Wildschweine Auch bei
den Reben selbst schätzt Peter Uhler ein gewis-
ses Alter. »Meine ältesten Weinreben wurden
1960 ausgepflanzt. Früher hat man sie nach 30
Jahren schon wieder ausgerissen, weil sie nicht
mehr die Menge geliefert haben.« Heute pflegen
hingegen viele Winzer mehrere Jahrzehnte alte
Rebstöcke. Nicht nur wegen des Geschmacks,
sondern auch wegen ihrer Robustheit. Besonders heiße Sommer und lange Trockenperio-
den halten alte Reben dank langer Wurzeln viel
besser aus als junge Exemplare. »Normalerwei-
se soll ein Hektar Weingarten 4000 Liter Wein
bringen. Bei den alten Reben ist es mindestens
um ein Drittel weniger. Weine aus alten Reben

» Kirsch-spuckkuchen «

ZUTATEN
FÜR 1 BLECH
180 g Butter
90 g Staubzucker
1 EL Vanillezucker
5 Eidotter
180 g glattes Mehl
1 KL Backpulver
5 Eiklar
70 g Kristallzucker

Butter für das Backblech
700 g Kirschen (nicht entkernt)

ZUBEREITUNG
> Handwarme Butter mit Staub- und Vanille-zucker schaumig rühren. Eidotter langsam einmengen, Mehl mit Backpulver hinzuge-ben.
> Eiklar mit Kristallzucker zu festem Schnee schlagen. Schnee unter die Buttermasse heben.
> Backblech mit Butter einfetten, Teigmasse darauf glattstreichen. Kirschen darauflegen und im vorgeheizten Backrohr bei 170 °C (Ober-/Unterhitze) goldbraun backen.

TIPP
Dazu passt ein Glas Riesling Reisenberg 2015 – »mit 13 Gramm Restzucker, also schon halb-trocken«, empfiehlt der Winzer.

kosten deshalb auch mehr, aber das sind auch Weine, die zehn, 20 Jahre Spaß machen«, sagt Uhler. Doch bevor wir den Rückweg aus dem Weingarten antreten, muss er noch erklären, warum neben dem obligatorischen Rosenstrauch am Ende der Reihe, der als eine Art Warnsignal für den Winzer agiert, Stofffetzen angebracht sind. »Das sind Duft-Dispenser gegen die Wildschweine. Man sprüht die Tücher mit einem speziellen Mittel ein, das für die Wildschweine ein unheimlicher Gestank ist.« Früher habe er sehr große Probleme mit Wildschweinen gehabt, das habe sich aber zum Glück gelegt.

Mittlerweile sind wir nach einer kurzen Autofahrt durch die Weingärten in der Kleingartensiedlung angekommen. Die Blumen und Sträucher, die rund um das Haus wachsen, wurden noch von der Großmutter gepflanzt. Das Haus hat Uhler komplett umgebaut – inklusive Weinlager im Keller. »Pro Jahr produziere ich 7000 bis 8000 Flaschen, das sind 6000 bis 7000 Liter. 3000 Liter hab ich im Weinkeller untergebracht, der Rest ist im privaten Keller verteilt, zur Freude meiner Frau.«

Auf die Frage, ob ihm all das – die Arbeit im Orchester, bei den Concert Schrammeln und im Weingarten – nicht zu viel sei, meint er: »Nein. Ich trau mich zu sagen, dass ein Orchestermusiker einen Ausgleich sehr notwendig hat. Man braucht etwas, bei dem man sich auf andere Weise verwirklichen kann.« Für ihn sei das auch das Entscheidende beim Wein: »Wenn man Erfolg haben will, braucht man eine individuelle Note. Man schmeckt die Charaktereigenschaften eines Winzers heraus, ob er offensiv ist, zurückhaltend oder melancholisch.« Deutlich wurde das für ihn bei dem Projekt Wurzelwerk, bei dem österreichische und deutsche Winzer ihre Trauben getauscht haben und von Kollegen verarbeiten ließen. »Obwohl es die gleichen Trauben waren, haben sie alle ganz anders geschmeckt.«

Und noch etwas ist es, das ihn am Weinmachen fasziniert: der Wiener Boden. »Die Wiener Lagen sind wirklich Weltklasse, da können nicht viele berühmte Lagen der Welt mithalten. Durch die Ablagerung vom Urmeer gibt es alle 200 bis 300 Meter unterschiedliche Bodenzonen.« So findet man beim Grinzinger Boden ab einer Tiefe von 40, 50 Metern weißen Meeressand vor. »Am Nussberg gibt es hingegen viel Muschelkalk. Der Boden ist etwas Besonderes. Und das Klima ist an der Schnittstelle zur pannonischen Seite, trotzdem bringt der Wienerwald Abkühlung.« Er hat es also nicht bereut, dass er seine private Leidenschaft – die Landwirtschaft – im Weingarten auslebt.

Weingärtnerei Uhler

Peter Uhler
Hackenberggasse 29/7/4, 1190 Wien

weinuhler.at
peter.uhler@chello.at
Tel.: 0660 5337551

BEZUGSQUELLEN: Abholung gegen Vorbestellung, Gratislieferung im Raum Wien ab 12 Flaschen, weitere Bezugsquellen auf der Website
BUSCHENSCHANK: Ausstecktermine siehe Website

Weinbau Jutta Ambrositsch

Die Grafikerin im Weingarten

Anfangs musste sie erst lernen, mit der Unordnung der Natur zu leben, sagt Quereinsteigerin Jutta Ambrositsch. Heute bewirtschaftet die frühere Werbegrafikerin vier Hektar im 19. und 21. Bezirk – aufgeteilt auf viele kleine Weingärten. Einen Weinkeller muss sie dafür ebenso anmieten wie einen Traktor während der Lese.

»Wir sind hier im Mukenthal, das ist der Name des Weingartens. Die Fläche vis-à-vis heißt Plage, weil sie so schrecklich steil ist, sie wird eher spärlich bewirtschaftet. Und dort hinter dem Schreiberbach ist die Buschenschank vom Schönheitschirurgen Worseg«, erklärt Jutta Ambrositsch. Es ist ein sonniger Tag Anfang Oktober, für die Winzerin ist es in diesem Jahr – ungewöhnlich früh – der letzte Tag der Weinlese. Sie hat soeben eine Partie Trauben in die Verarbeitungsräume ihres Kollegen Peter Bernreiter in Jedlersdorf gebracht, wo sie sich für die Kellerarbeit eingemietet hat. »Wir sind so klein, wir haben keinen eigenen Traktor und auch keinen eigenen Weinkeller«, sagt die Winzerin und steigt den steilen Weingarten hinunter. Am Ende der Rebenzeile stehen der angemietete Traktor und die Weingartenarbeiter, mit

denen sie Jahr für Jahr arbeitet. Der obere Bereich ist schon abgeerntet – fast. »Oje, Freunde, das geht ja gar nicht«, meint sie, als sie ein paar vergessene Trauben entdeckt, pflückt diese behutsam und bringt sie zu den übrigen.

Vier Hektar, verteilt auf acht Weingärten, bewirtschaftet Ambrositsch. »Drei Hektar im 19. und einen auf der anderen Seite der Donau, am Bisamberg, aufgeteilt in viele kleine Weingärten. Psychologisch ist das gut – besser, als man steht vor einem vier Hektar großen Feld und sieht die ganze Arbeit auf einmal.«

Winzerin aus purer Notwendigkeit 2004 hat die gelernte Grafikerin mit dem Weinmachen begonnen. Auf die Frage nach dem Warum antwortet sie: »Aus purer Notwendigkeit, ich wollte weg von der Werbung. Wobei mir heute die grafische Arbeit bei den Etiketten wieder Spaß macht.« Das Interesse für die Landwirtschaft war immer da, die Arbeit als Winzerin war ihr sympathischer als etwa jene als Gemüsebäuerin. »Das kann ich mir schwer vorstellen, da muss man sofort verkaufen. Als Winzerin kann man leichter im März zwei Wochen wegfahren.« Mit einem Viertelhektar hat sie begonnen, 650 Liter Riesling sind daraus geworden. Eine landwirtschaftliche Schule wollte sie damals nicht mehr besuchen. »Ich habe mir überlegt, ob ich mich mit 15-Jährigen in eine Klasse setzen soll, aber das wäre demotivierend gewesen.« Also hat sie andere Winzer gefragt, ob sie nicht bei ihnen mitarbeiten dürfe, um das Weinmachen zu lernen. Sie durfte. Anfangs sei sie mit offenen Armen aufgenommen worden, auch von vielen älteren Kollegen. Heute habe sich das leider ein bisschen

gewandelt. »Das ist anscheinend so, wenn man einen gewissen Punkt erreicht hat. Ich bin mit meiner Größe natürlich nie eine Konkurrenz für die großen Betriebe. Aber sie kratzen sich überall die Augen aus und sind einem das Weiße neidig.«

Über die Jahre ist das Weingut Stück für Stück gewachsen. Eine Zeit lang hat Jutta Ambrositsch auch ein paar Weingärten in Gumpoldskirchen bewirtschaftet. Das war wegen der Distanz dann aber doch zu umständlich. Heute produziert sie in erster Linie Gemischten Satz (→ S. 126), Grünen Veltliner und Riesling. 2016 hat sie einen Rotweingarten übernommen, seitdem gibt es mit der »Rakete« einen leichten Rotwein, der kalt getrunken wird. Über die Jahre hat sich auch die Weinstilistik der Winzerin geändert. »Weil mein Mann und ich lieber leichte Weine trinken. Die Weine haben eine Finesse. Reif sind sie natürlich schon, aber nicht so stark im Alkohol, maximal zwölf Prozent.«

Weinend im Weingarten Überhaupt habe sich ihr Zugang mit der Zeit verändert. »Es hat viele Jahre gedauert, bis ich mich an die Unordnung gewöhnt habe und ich damit leben konnte. Als Grafikerin liebt man ja die Ordnung.« Sie kann sich noch gut an die erste Ernte erinnern. Damals sei sie weinend im Weingarten gesessen und fassungslos gewesen, dass sie die Trauben, die sie ein ganzes Jahr gehegt und gepflegt hatte, einfach abschneiden musste. »Ich habe erst spät begonnen, die Trauben und den Wein als eins zu sehen. Jetzt ist mir klar, dass sich nur der Aggregatzustand ändert. Es ist schön, wenn man ein Endergebnis hat. Und man muss akzeptieren, dass es sich verändert.«

Wobei im Weingut Ambrositsch die Dinge auch Zeit haben, um sich zu verändern. »Ein bisschen Zeit – und ein bisschen mehr Zeit«, laute ihr Motto im Weingarten. Das sei auch ein Luxus des Kleinseins. »Wir haben nicht so einen Druck«, sagt Ambrositsch, die mittlerweile eigentlich Jutta Kalchbrenner heißt. Mit dem Wort »wir« meint sie stets auch ihren Mann, Marco Kalchbrenner, der sie bei der Arbeit unterstützt. Sie hat nach der Hochzeit beschlossen, dass die Privatperson Kalchbrenner heißt – alles, was mit Wein zu tun hat, aber weiterhin ihren Mädchennamen trägt.

Mittlerweile sind auch die letzten Trauben im Mukenthal abgeerntet. Die Rebstöcke stammen großteils aus dem Jahr 1972, teilweise hat sie schon ein paar neue Pflanzen eingesetzt. Hier wachsen Neuburger, Welschriesling, Grüner Veltliner, Traminer und ein paar Burgundersorten. Verkauft wird der Wein zu 60 Prozent im Ausland, etwa nach Großbritannien, Finnland, Belgien, Dänemark, Deutschland und in die

Weinbau
Jutta Ambrositsch
Dannebergplatz 12/2, 1030 Wien

www.jutta-ambrositsch.at
buero@jutta-ambrositsch.at
Tel.: 0664 5006095
BUSCHENSCHANK: Himmelstraße 7, 1190 Wien;
Ausstecktermine auf der Website

Schweiz. Kürzlich ist erst eine neue Bestellung aus Tokio gekommen. Das habe sich so ergeben. In Wien kann der Wein zwar auch ab Hof gekauft werden, allerdings ist der »Hof« dabei die Privatwohnung des Ehepaars, in der auch mangels Weingut hin und wieder Verkostungen stattfinden. Und dann gibt es noch die Buschenschank in der Himmelstraße, in die sich die Stadtwinzerin regelmäßig einmietet. »Buschenschank in Residence« nennt sich das dann.

Gewürzter Hokkaidokürbis in Weißwein

ZUTATEN

1 Hokkaidokürbis
3 Knoblauchzehen
1 Stk. Ingwer
1–2 Chilischoten
etwas Sternanis, Fenchelsamen, Anis, Kardamom-
   kapseln, Kreuzkümmel und Koriandersamen
Zitronengras
Frozen lime leaves bzw. Limettenblätter
etwas Erdnussöl
½ Flasche Wein zum Aufgießen (gut mit etwas
   Restzucker)
1 guter EL Miso (unbedingt rot)

ZUBEREITUNG

> Kürbis entkernen, aber nicht schälen, und in mundgerechte Stücke schneiden. Knoblauch und Ingwer schälen und in Streifen schneiden.

> Knoblauch, Ingwer, Chilischoten, Gewürze, grob eingeschnittenes Zitronengras und Limettenblätter in Erdnussöl anbraten, bis die Gewürze gut riechen.

> Kübisstücke dazugeben. Mit Wein aufgießen, Miso dazugeben und bei schwacher Hitze mit Deckel köcheln lassen. Einige Male vorsichtig umrühren.

> Wer den Kürbis kalt essen möchte, lässt ihn über Nacht in der Flüssigkeit stehen und kocht ihn nur einige Minuten. (Der Kürbis zieht über Nacht durch und wird weich genug.) Wer ihn warm essen möchte, verkocht die Flüssigkeit in der offenen Pfanne (dauert auch nicht sehr lange).

TIPP

Dazu passt ein Glas Riesling Rosengartl.

Weinhandwerk

Die Kräuter als Weingartenarbeiter

Martin Strobl und Věra Vyškovsky bewirtschaften in Stammersdorf beim einstigen Rapid-Stüberl einen kleinen Weingarten. Unterstützung bekommen sie dabei von Wildkräutern, die nicht nur den Reben Gesellschaft leisten, sondern auch in der Küche zum Einsatz kommen.

Um das Weinhandwerk zu entdecken, muss man schon genau hinschauen. Abseits der Stammersdorfer Kellergasse – in der Senderstraße – versteckt sich am Rande der Weingärten eine kleine Hütte. Sie ist nach wie vor grün gestrichen, vielleicht in Anspielung auf ihre Vergangenheit. Denn hier, wo heute die beiden Quereinsteiger Martin Strobl und Věra Vyškovsky das Weinhandwerk betreiben, stand in den 1960er- und 1970er-Jahren noch das Rapid-Stüberl. Heute bezieht sich die grüne Farbe aber wohl weniger auf den Wiener Fußballklub, sondern vielmehr auf die naturnahe Zugangsweise, die die beiden zum Weinmachen haben.

Betritt man die kleine Idylle, in der von April bis Oktober ausgeschenkt und aufgekocht wird, wird schnell klar, wer hier das Sagen hat: die Natur. Zuerst erblickt man die schönen Wein-gärten, in denen alles wachsen darf – mit der Ausnahme von gewöhnlichem Rasen vielleicht. Die Buschenschank selbst ist eine hübsche Terrasse, die rund um die bestehenden Bäume gebaut wurde. Auf den Holztischen stehen Vasen mit Wildblumen, ein paar Hängematten laden zum Entspannen ein. Erst im Herbst 2017 wurde ein neuer, rund 40 Quadratmeter großer Zubau aus Holz und Glas errichtet, damit die Gäste bei Schlechtwetter ausweichen können.

Věra Vyškovsky kommt aus der Küche, lächelt und bietet zuerst einmal Kaffee an. Spätestens dann hat man hier die Hektik der Stadt hinter sich gelassen. »Martin hat eigentlich 2002 mit dem Wein begonnen, anfangs noch hobbymäßig.« Kaum hat sie das ausgesprochen, gesellt er sich dazu und fängt an zu erzählen. Beide haben eigentlich keinen landwirtschaftlichen

Hintergrund. »Vielmehr einen Trinkerhintergrund«, sagt Strobl, ein gebürtiger Südtiroler, und lacht. Das habe eigentlich schon früh begonnen. Schon als 16-Jähriger konnte er mit dem Cola-Rot, das seine Freunde getrunken haben, wenig anfangen. Also habe er herumprobiert und entdeckt, dass ihm Wein schmecke und er eine »ganz gute Nase« habe. 2002 habe er mit Freunden einmal ausprobiert, selbst Wein zu machen. »Das war eigentlich Zufall, wir haben gesagt, wir würden gerne ein Fass probieren. Also haben wir zwei Reihen Grünen Veltliner gepachtet, ein 500-Liter-Fass gekauft und Wein gemacht. Unser erster Veltliner war gleich eine Superbombe. Der schmeckt heute noch.« Dazwischen war er Lebensmittelkaufmann, in der Filmproduktion und vorwiegend als Caterer tätig. Mittlerweile hat er die Weinakademie in Rust absolviert.

2009 ergab sich die Möglichkeit, den Weingarten in der Senderstraße zu pachten. Kurz darauf stieß Věra Vyškovsky dazu. Sie hatte schon als Kind gern mit ihrem Großvater Kräuter gesammelt. »Ich bin mehr eine Naturfrau und bei jeder Gelegenheit draußen. Zuletzt hab ich beruflich für EU-Projekte gearbeitet, ich war also viel international unterwegs.« Gemeinsam begannen sie, den einen Hektar hinter der grünen Hütte zu bewirtschaften. Biologisch gearbeitet wurde von Anfang an, eine entsprechende Zertifizierung ist aber gerade erst im Laufen.

Kräuter dürfen wachsen, das Gras muss raus

Die Wildkräuter waren von Beginn an fixer Bestandteil des Weingartens. »Die haben wir für die Speisen in der Küche, aber auch für die Reben an sich«, erklärt Strobl. Mittlerweile sind beide auch Kräuterpädagogen. An die 80 verschiedene Kräuter und Wildpflanzen dürften hier wachsen, mit zehn bis 20 beschäftigen sie sich zudem in der Küche intensiv. Vogelmiere, Pastinaken,

Tierarten auf einem Quadratmeter, woanders seien es nur an die 70. »Es kreucht und fleucht«, sagt Vera. Dass das der richtige Weg sei, bestätige auch das Alter der Reben. Die kommen nämlich auf mittlerweile 35 Jahre. Im konventionellen Weinbau wäre das schon ein Alter, mit dem sie ausgetauscht werden. »Bei uns schauen sie aber gut aus. Wenn ich mir das so anschaue, habe ich das Gefühl, dass das mit dem Kreislauf zu tun hat.«

Die Hauptsorte in dem kleinen Weingarten ist der Grüne Veltliner. Sechs verschiedene Produkte werden daraus gemacht: Verjus (der alkoholfreie Saft aus unreifen Trauben), Traubensaft, Prosecco, Sekt (mit 15-monatiger Flaschengärung), Sherry und Wein – ein klassischer Grüner Veltliner und einer im Fassausbau. Mit dem Jahrgang 2017 ist erstmals ein Strohwein dazugekommen: ein Süßwein, bei dem die Trauben auf Stroh gelagert werden. Beim Rotwein gibt es drei verschiedene: einen Blauburgunder, eine Cuvée und eine schwere Cuvée, eine Rhône-Hommage. »Mit Brett-Note, in Österreich wird das ja als Weinfehler gesehen, mit Pferdeschweißnote. Das ist eher etwas für Liebhaber, ähnlich wie beim Sherry, entweder man liebt ihn – oder man mag ihn überhaupt nicht«, sagt Strobl und bittet zu einem Rundgang in den Weingarten.

Wilde Karotten, Fuchsschwanz, Gänseblümchen, Giersch, Gundermann, Spitzwegerich, Schafgarbe, Natternkopf, verschiedene Minze- und Thymiansorten und noch vieles mehr wächst hier. »Das ist alles von selbst aufgegangen. Wir arbeiten nach dem umgekehrten Prinzip eines normalen Gärtners: Wir lassen die Kräuter wachsen und schmeißen das Gras raus«, sagt Vyškovsky. Für den Boden im Weingarten gäbe es nichts Besseres. Ohnehin sei dieser in der Landwirtschaft oft durch schwere Traktoren verdichtet. »Andere lockern ihn extra auf, wir lassen das die Pflanzen machen.« Von einer reinen Monokultur halten die beiden wenig. »Dann hab ich nur die Reben, und drei Mal im Jahr muss man mit Kunstdünger durchfahren, damit die Pflanzen Nährstoffe haben.« Das sei üblicherweise die Regel. »Aber dadurch ist man auch abhängig von den Zulieferern. Mit den Pflanzen sind wir ein Stück weit unabhängiger.«

Außerdem leben hier rund 300 verschiedene

Bei den ersten Reben angelangt, bückt er sich, zieht einen Wilde Pastinake aus der Erde und ist ob des gut verzweigten Wurzelwerks begeistert. »Das ist ein super Aufbereitungsmittel für den Boden. Die Wurzel ist einen guten halben Meter lang, sie lockert den Boden auf – und wenn sie verfault, gibt sie Nährstoffe ab, wie Kompost.« Den Einwand, dass die Pflanze der Rebe Wasser wegnehme, hat er von seinen Kollegen schon oft gehört. »Ja, ein bisschen, aber sie

speichert auch Wasser. Und es ist eine Bodenbeschattung, der Boden kann nie so austrocknen, und das Wasser verdampft langsamer.« Allein bei einem kurzen Spaziergang von ein paar Metern entdecken die beiden allerlei Schätze: zum Beispiel die Goldrute, die früher unter anderem zum Färben von Schafwolle verwendet wurde und deren Wirkungsstoffe heute oft in Blasentees zu finden sind. Im Weinhandwerk wird daraus Goldrutenspitzenspargel mit Speck gemacht. Auch der Wiesenbocksbart wächst hier, dessen Stängel und junge Blüten in der Küche verwendet werden. Oder aber die Wilde Karotte, die ebenso wie die Wilde Pastinake regelmäßig verkocht wird. Selbst die Löcher der Wühlmäuse erfreuen die beiden. »Früher war der Boden steinhart, jetzt ist das wie ein Kräuterteppich, der federt richtig«, schwärmt Strobl, denkt kurz nach und meint: »Den Ordnungswahn hat sich ja die Industrie ausgedacht, die Natur selbst ist nicht so ein Ordnungsfreak.«

Weinhandwerk

Martin Strobl & Věra Vyškovsky
Senderstraße 27, 1210 Wien

www.weinhandwerk.at
office.weinhandwerk@gmail.com
Tel.: 0680 4014151
BUSCHENSCHANK: April bis Oktober: Freitag und Samstag ab 14 Uhr, Sonntag und Feiertag ab 12 Uhr

Wildkräutersalat mit kräftigem Dressing

Brennnessellaibchen

ZUTATEN

je 1 Handvoll zarte junge Blätter (und ggf. Blüten)
    von Löwenzahn, Gänseblümchen, Spitzwegerich,
    Schafgarbe, Gundermann und Giersch
grüner & roter Blattsalat

Dressing

Olivenöl
Weinessig
Dijonsenf
Knoblauch
Honig
Salz & Pfeffer

ZUBEREITUNG

> Blätter und (ggf. Blüten) im Verhältnis 1:1
> mit grünem und rotem Blattsalat vermengen
> und den gesammelten Blüten dekorieren.

> Für das Dressing im Verhältnis 1:2 Olivenöl
> und Weinessig vermischen. Mit etwas Di
> jonsenf, Knoblauch, Honig, Salz und Pfeffer
> verrühren.

> Unmittelbar vor dem Servieren das Dressing
> über den Salat gießen.

TIPP

Der intensive Geschmack der selbst gesammelten Wildkräuter – zumal herb und bitter –
verträgt ein kräftiges Dressing zur Geschmacksbalance. Dazu servieren wir Sauerteigbrot.

ZUTATEN

150 g gemahlene Hafer- oder Dinkelflocken
100 ml Milch (oder Wasser)
1 Ei
5 Handvoll Brennnesseln
1 Zwiebel
2 Knoblauchzehen
Muskatnuss
Senf
Salz & Pfeffer
Butter oder Öl

ZUBEREITUNG

> Hafer-/Dinkelflocken in mit Milch verschla
> genem Ei einweichen.

> Brennnesseln, Zwiebel und Knoblauch fein
> hacken und dazugeben. Mit geriebener Mus
> katnuss, etwas Senf, Salz und Pfeffer würzen
> und einige Tropfen Öl hinzufügen.

> Kleine Laibchen formen und in Butter oder
> Öl in einer Pfanne auf beiden Seiten braten.
> Mit Tsatsiki und Wildkräutersalat servieren.

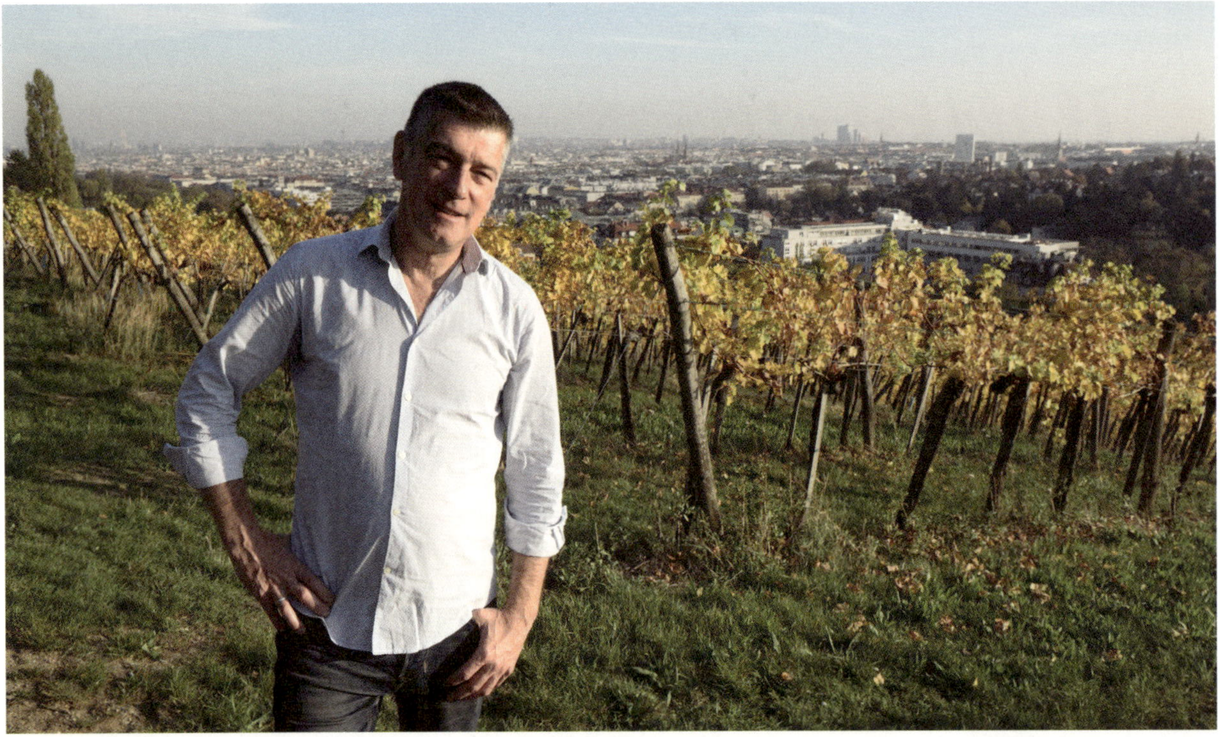
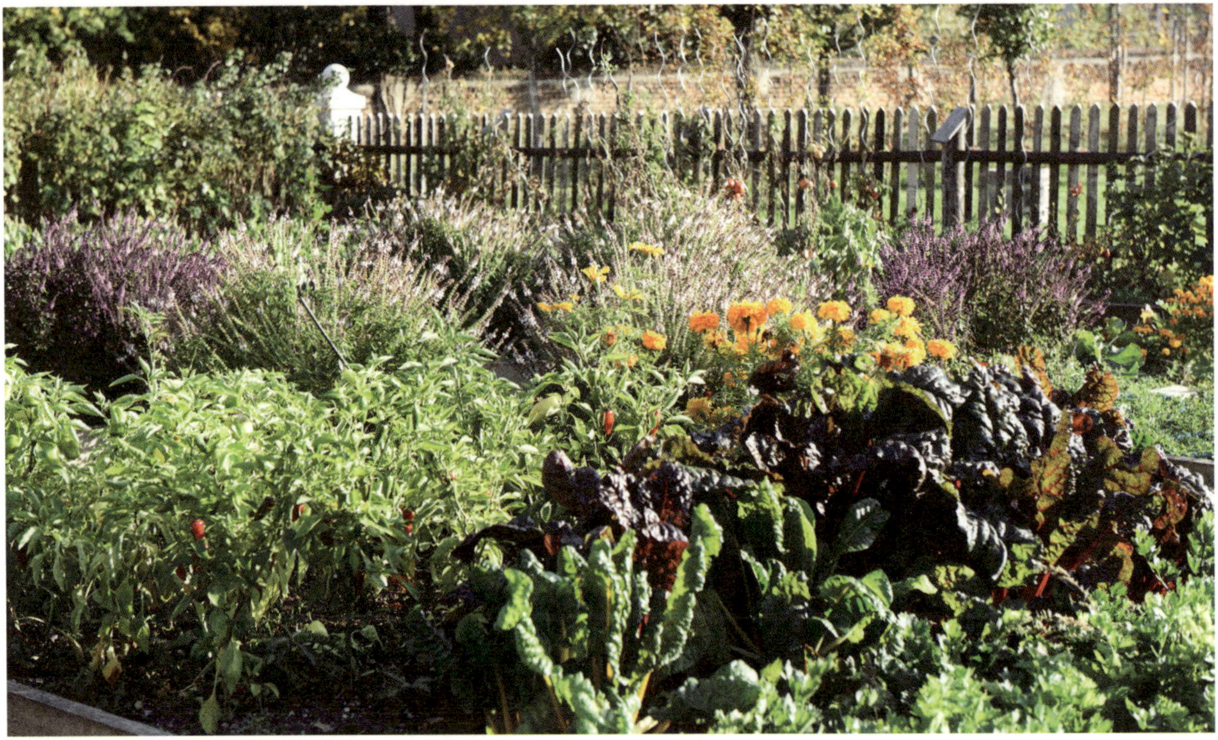

Stift St. Peter

Der Dornbacher Pfarrer steckt aus

Das Stift St. Peter in Dornbach ist mit seiner Buschenschank, dem kleinen Weingarten, einem Klostergarten und den Wäldern wohl der älteste land- und forstwirtschaftliche Betrieb der Stadt. Seine Geschichte geht bis ins 11. Jahrhundert zurück.

Wien und der Wein – das ist eine lange Geschichte. Wie lange, lässt sich in der Buschenschank des Stifts St. Peter in Dornbach erahnen. Dort, wo früher inmitten der Weinberge ein großes klösterliches Anwesen stand, sind heute nur noch Teile davon übrig. »1042 wurde der Hof gegründet, seitdem wird hier Wein gemacht«, erzählt Gutsverwalter Michael Landrichter. Die erste urkundliche Erwähnung, dass hier auch Wein ausgeschenkt wurde, stammt aus dem Jahr 1139. Damals waren die Weingärten weitaus größer, heute ist nur noch der rund acht Hektar große Weinberg Alsegg übrig, der sich vis-à-vis der Buschenschank den Schafberg hinauf erstreckt. Dazwischen fährt die Straßenbahnlinie 43 hindurch.

Landrichter ist hier seit rund 24 Jahren Gutsverwalter. Er selbst, ein Dornbacher, war ein knappes Jahr im Kloster, in der Benediktiner-Erzabtei St. Peter in Salzburg, zu dem auch die Gutsverwaltung Stift St. Peter in Dornbach gehört. »Dann bekam ich einen Anruf, ob ich nicht die Gutsverwaltung in Dornbach machen will. Ich hatte damals keine Ahnung von Weinbau, der Forstwirtschaft oder der Gutsverwaltung, aber drei Tage Bedenkzeit.« Er entschied sich dafür, weil er gerne Teil der klösterlichen Familie sei, wie er sagt.

Die Geschichte dieser klösterlichen Familie reicht weit zurück: 1042 schenkte Graf Sieghardt von den Sieghardingern dem Kloster St. Peter zu Salzburg zwei »Edelmannshufe« am Alsbach bei Wien, wie es damals hieß. Die einstigen Ausmaße lassen sich heute nur noch mittels historischer Zeichnungen erahnen. Dennoch waren die beiden Höfe in Wien für das bedeutende Kloster in Salzburg nur ein verhältnismäßig kleiner Besitz. »Das hätte ein Kloster werden sollen, aber Hein-

rich Jasomirgott hat damals Passau favorisiert und die Schottenkirche. Darum sind das hier Gutshöfe geworden«, erklärt Landrichter. Im 12. Jahrhundert betreuten Kleriker aus St. Peter übrigens auch die Peterskirche am Graben, die damals die Pfarrkirche von Wien war. 1139 wurde eine Kapelle in Dornbach geweiht, womit die Abtei das Recht erhielt, zwei Mal im Jahr einen »Fronwein« auszuschenken.

Im Laufe der Geschichte verkleinerte sich der Gutshof, vor allem die Türkenkriege und ein Großbrand Mitte des 19. Jahrhunderts zerstörten die Kirche und den Gutshof. Heute ist nur noch ein Teil davon erhalten. »Die Kirche ohne Turm, das Mittelgebäude, ein Gartenpavillon – das sogenannte Mozartstöckl – und der Pfarrhof, also das alte Presshaus, sind noch übrig.«

〰〰

Biedermeier, Barock und Mittelalter

»Das Haus besteht aus drei Bauzeiten«, erklärt Landrichter – und bittet in die Buschenschank, hinter der sich auch sein Arbeitszimmer befindet. Das alte Kellergewölbe stammt noch aus der Gründungszeit, um 1040. Hier wird immer noch Wein getrunken – zumindest zu den Aussteckterminen – und in einem Raum hinter der Schank auch Wein gelagert, zudem selbst angesetzte Kräuterliköre und Kleinigkeiten wie Senfgurken oder Krenwurzen aus dem Klostergarten, die für die Buschenschank gebraucht werden. Der vordere Schankraum kam in der Barockzeit dazu, der Rest wurde im Biedermeier gebaut. Man kann bei einem Heurigenbesuch also durchaus in drei unterschiedlichen Epochen Platz nehmen.

Im biedermeierlichen Eingangsbereich sind einige historische Bilder aufgehängt. Eines davon zeigt, dass im Jahr 1933 auch draußen, direkt unter der großen Weinpresse, ausgeschenkt wurde. Heute gibt es dafür einen gut 200 Sitzplätze fassenden Gastgarten, drinnen haben rund 300 Personen Platz. Sieben Mal im Jahr wird ausgesteckt, nur von Jänner bis März ist Pause. Und

es wird regelmäßig musiziert. Immerhin ist die Buschenschank für das Wienerlied »Der Dornbacher Pfarrer steckt aus« bekannt.

Zu den Aussteckterminen und Kanzleistunden gibt es auch einen Ab-Hof-Verkauf der klösterlichen Produkte. Neben dem hauseigenen Wein zählen dazu etwa der Honig aus der eigenen Imkerei, Kräutersalze, frisches Brot aus der Stiftsbäckerei in Salzburg, Obst und Gemüse, das im Klostergarten wächst, sowie Eier, die die dort lebenden Hühner legen. »Das wird von den Nachbarn gut angenommen. Die Leute hier sind froh, wenn ein Hahn kräht«, sagt Landrichter am Weg in den hübschen Garten.

〰

Frauenschuh und Tausendgüldenkraut Hier wachsen nicht nur allerlei Gemüsesorten, die für Buschenschank und Ab-Hof-Verkauf gebraucht werden, sondern auch – wie es sich für einen Klostergarten gehört – unzählige Kräuter: Ros-

marin, Thymian, Salbei, Majoran, Olivenkraut, Currykraut, Schnittlauch, Johanniskraut, Ysop, Frauenschuh, Tausendgüldenkraut, Lavendel, Schafgarbe, Heiligenkraut, Alant und Wermut zählt der Gutsverwalter auf. Welche davon in die Liköre »Klostergold« oder »Himmelmutter« kommen, will er nicht verraten. »Ein altes Geheimrezept.« Gegenüber dem Gemüsegarten leben an die 30 Hühner und ein paar Schafe. Letztere dienen nur als Rasenmäher. Die Hühner werden ebenso wenig gegessen, sie sind die Eierlieferanten. Nur einmal habe der Fuchs den Hühnerstand halbiert. »Ich habe gedacht, ein Mitarbeiter hat den Hühnerstall zugemacht – und er hat gedacht, ich hab ihn zugemacht. Der Fuchs hat sich gefreut.« Landrichter teilt sich mit seinem Mitarbeiter die Arbeit im doch recht beachtlichen Gemüsegarten. Im Garten selbst ist alles bio, wie er versichert. »Außer Weihwasser wird hier nichts gespritzt.«

Rund um den Klostergarten – dort wo früher einmal Weingärten waren – stehen heute

Wohnungen, die zum Besitz des Stifts St. Peter gehören und die alle vermietet sind. Auch darum muss sich der Gutsverwalter kümmern. Den Großteil seiner Arbeit macht, neben den Immobilien, der 80 Hektar große Wald am Schafberg aus. Die Jagd wurde an die Nachbarn, die Kollegen vom Schottenstift, verpachtet. In der Mitte des Gartens, der nach dem historischen Vorbild angelegt wurde, steht noch ein alter Gartenpavillon, das sogenannte Mozartstöckl, in dem heute Schnaps gebrannt wird. Die Marillenmaische wartet in einer Ecke gerade darauf. Landrichter kommt meist erst nach der Weinernte dazu.

Oberhalb der Buschenschank, im Pfarrhof, seien derzeit rund 20 syrische Flüchtlinge untergebracht, erklärt Landrichter und lädt noch zu einem kleinen Spaziergang auf den Weinberg ein, von dem aus sich ein beeindruckender Blick auf die Stadt bietet. Hier wachsen wegen des mineralischen Lehm-Löss-Bodens vorwiegend Weißweine. Neben dem Riesling Alsegg gehören zweierlei Sorten Gemischter Satz (Konventwein und Messwein, → S. 126), Grüner Veltliner,

ein Pralatenwein (Weißburgunder) und Müller-Thurgau zum Sortiment. Hier sind schon immer Rebstöcke gestanden – mit einer kleinen Unterbrechung während des Zweiten Weltkrieges: Damals wurde die Fläche nämlich als Panzerübungsplatz verwendet. Zum Glück wurden danach wieder Reben ausgepflanzt. Sonst wäre wohl auch diese Fläche heute Wohngebiet.

Die Kellerarbeit übernimmt mittlerweile das Weingut Mayer am Pfarrplatz. »Das wäre sonst wirtschaftlich nicht rentabel«, sagt Landrichter. Dennoch gehe ihm hier die Arbeit nicht aus. Das sei auch das Schöne daran, dass sie so mannigfaltig sei und viele verschiedene Bereiche zusammenkämen. »Und dass man Teil einer langen Geschichte ist. Wenn man selbst nicht mehr da ist, bleibt das Ganze bestehen.«

Stift St. Peter

Gutsverwaltung des Stift St. Peter in Dornbach
Rupertusplatz 5, 1170 Wien

www.stiftstpeter.at
Tel.: 01 4864675
AB-HOF-VERKAUF: Montag bis Freitag 16–18 Uhr
AUSSTECKTERMINE: siehe Website

Zitronenbowle »Kalte Ente«

ZUTATEN

1 Bio-Zitrone
1 l Gemischter Satz
Saft von ½ Zitrone
etwas Zucker
Soda, Sekt oder Prosecco zum Aufgießen
Zitronenscheiben und Zitronenmelisse zum Garnieren

ZUBEREITUNG

> Eine Bio-Zitrone vierteln, in Scheiben schneiden und über Nacht im Gemischten Satz gemeinsam mit dem Saft einer halben Zitrone und ein bisschen Zucker gekühlt ansetzen.

> Am nächsten Tag mit Soda, Sekt oder Prosecco aufgießen, mit frischen Zitronenscheiben und ein, zwei Blättern Zitronenmelisse garnieren.

Klösterlicher Obstkuchen aus Eischwermasse

ZUTATEN

4 Eier
je 4 Eier schwer Butter, Staubzucker und Mehl
    (→ Tipp)
geriebene Bio-Zitronenschale
Butter & Mehl für das Backblech
Obst zum Belegen nach Belieben
Staubzucker zum Bestauben

ZUBEREITUNG

> Butter und Staubzucker schaumig rühren. Eier und geriebene Zitronenschale dazugeben und rühren. Mehl vorsichtig unterheben.

> Die Masse etwa 2 cm dick auf ein gebuttertes und bemehltes Backblech streichen und mit saisonalen Früchten aus dem Klostergarten, etwa Kirschen, Marillen, Pfirsiche, Äpfel oder Birnen, belegen.

> Bei 170 °C (Ober-/Unterhitze) ca. 30 Minuten goldgelb backen. Nach dem Erkalten schneiden und zuckern.

TIPP

Eier wiegen und je nach Gewicht Butter, Staubzucker und Mehl abwiegen.

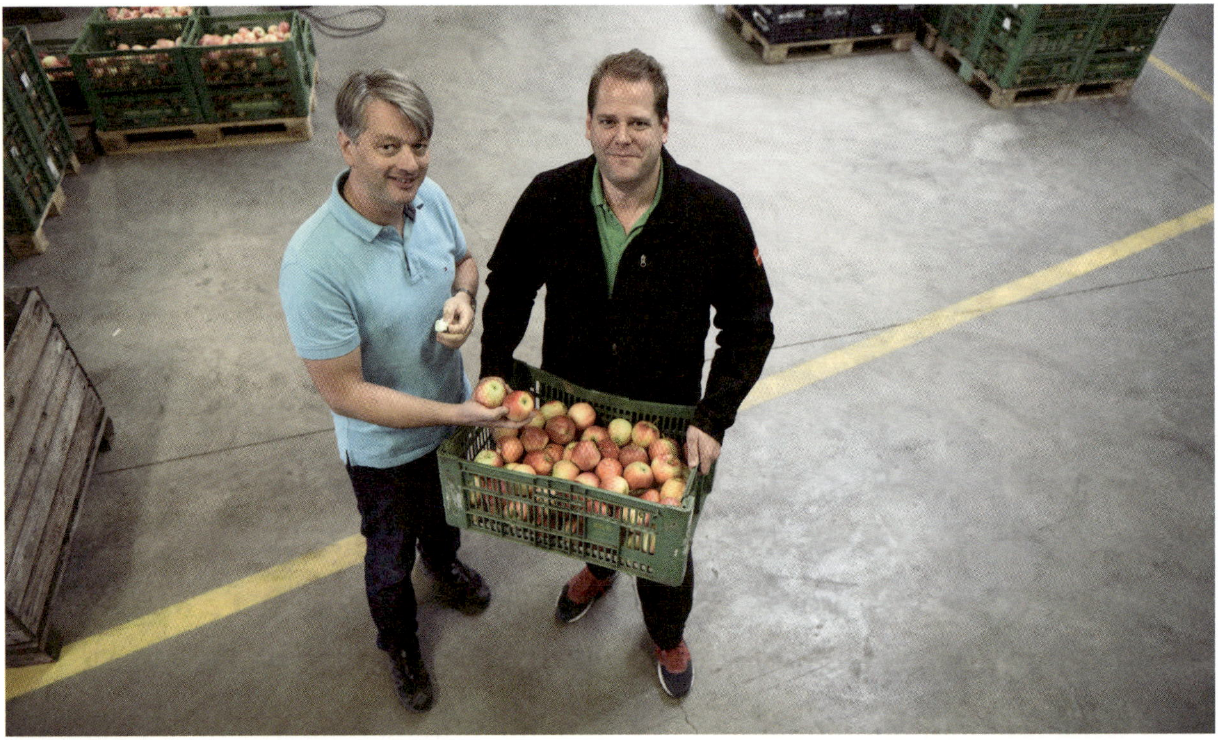

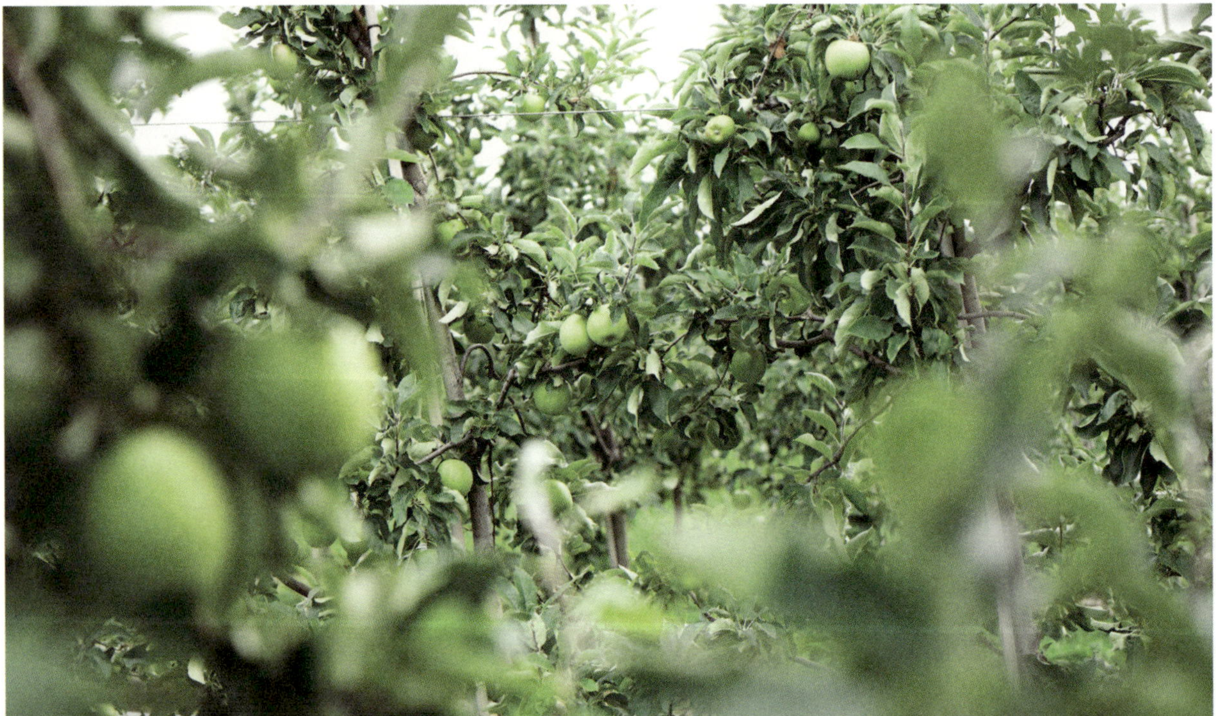

Schottenobst

Klösterliche Äpfel

Die Geschichte des Schottenstifts geht bis ins 12. Jahrhundert zurück. Obstanlagen im großen Stil gibt es hier erst seit ein paar Jahrzehnten – inklusive Greifvogelabwehr und Frischhaltelager.

Für einen klösterlichen Betrieb ist es eine sehr kurze Zeitspanne. Seit den 1970er-Jahren betreibt das Schottenstift Obstbau und vermarktet die Äpfel, Kirschen, Weichseln und Zwetschken unter dem Namen Schottenobst. »Wir sind der einzige Apfelproduzent in Wien«, sagt Wolfgang Megeth, der im Landwirtschaftsbetrieb des Schottenstifts für Marketing, Vertrieb und Produktentwicklung des Obstbaus verantwortlich ist. Der Vater des heutigen Gutsdirektors, Bernhard Schabbauer, habe in den 1970ern in Breitenlee die ersten Apfelbäume ausgepflanzt. Aber natürlich gibt es den landwirtschaftlichen Betrieb des Klosters schon sehr viel länger. Im Jahr 1155 wurde dieses von Herzog Heinrich II. Jasomirgott gegründet. Der Name des Stifts geht auf die ersten Mönche zurück. Immerhin hatte der Herzog damals iro-schottische Mönche aus seiner früheren Residenzstadt Regensburg eingeladen, nach Wien zu kommen. In einer noch erhaltenen Urkunde aus 1161 steht »elegimus scottos« geschrieben (wir erwählten die Schotten). Heute noch heißen der Rotwein und der Gemischte Satz des Stifts »Scottos«.

Seit 1160 wurde von den Schotten Landwirtschaft betrieben. Damals vorwiegend Ackerbau, Viehhaltung und Weinbau. »Die Schotten sind mit Breitenlee eng verbunden, sie haben den Ort eigentlich mit aufgebaut«, erzählt Megeth. Heute betreibt das Stift in Wien, Niederösterreich und dem Burgenland auf insgesamt 80 Hektar Obstbau. Der Ackerbau erstreckt sich über 500 Hektar. Die Weingärten wurden zum Großteil an andere Winzer verpachtet, die für das Stift Wein produzieren. 2013 ist aber auch in Breitenlee ein kleiner Weingarten ausgepflanzt worden. Auf einem Dreiviertelhektar wurde Gemischter Satz (→ S. 126) ausgesetzt. 2019 soll die Weinbaufläche vergrößert werden.

⌄⌄

Saure Klaräpfel und frühe Kirschen Aber zurück zum Obst. Rund 25 Prozent der 80 Hektar großen Obstplantagen stehen in Wien, der Rest ist in Klostermarienberg im Burgenland zu finden. Den Saisonstart machen die Kirschen, die dank Gewächshaus schon Anfang Mai reif sind.

Gutsdirektor Franz Schabbauer und Mitarbeiter Wolfgang Megeth (von links) in der Verpackungsstation

Bei den Freilandkirschen geht es Ende Mai los. Elf verschiedene Sorten haben die Schotten kultiviert, bei den Äpfeln sind es ebenso viele. Ende Juli beginnt die Ernte der frühen Klaräpfel: Early Gold und Roter Amadeus. Danach kommen die Lagersorten, die im Gegensatz zu den doch eher sauren Klaräpfeln wesentlich beliebter sind: Gala, Golden Delicious, Pinova, Rubens, Granny Smith, Braeburn, Arlet, Jonagold und Kronprinz Rudolf gibt es im Sortiment. Letzterer wird immer stärker nachgefragt, mengenmäßig könne er aber mit Klassikern wie Granny Smith nicht mithalten, so Megeth. Verkauft werden die Äpfel über den Lebensmitteleinzelhandel oder auch an Bäckereien sowie in die verarbeitende Industrie.

Geerntet wird händisch. Megeth spricht von der ersten und zweiten Pflücke, die sich nach Größe beziehungsweise Reifegrad der Äpfel richtet. Letzterer wird nicht nur optisch festgestellt, der Zuckergehalt wird vielmehr mit einem Messgerät (in Brix) gemessen. Beim ersten Durchgang werden die großen Äpfel gepflückt. »Dann haben die mittleren die Chance, für die zweite Pflücke nachzureifen.« Für die ganz kleinen Äpfel geht sich das meist nicht mehr aus. Wichtig ist, dass der Stiel des Apfels bei der Ernte nicht abgerissen wird, da sonst Keime in die offene Stelle eindringen können.

Während die Erntehelfer in den Weiten der langen Plantagen Stück für Stück pflücken, fährt ein Traktor seine Runden, um die vollen Kisten abzuholen. Die Schreie der Vogelabwehr fallen nur noch den Gästen auf, die Mitarbeiter haben sich längst daran gewöhnt. »Die Vogelabwehr imitiert Schreie von Raubvögeln, um die Vögel zu vertreiben, die gerne auf den Leitungen sitzen und die Kirschen und Äpfel anfressen«, sagt Megeth. Für ein »Quartier«, wie er die einzelnen, aus mehreren tausend Bäumen bestehenden Abschnitte nennt, brauche das Team mehrere Tage. Nach der Ernte fährt ein Mitarbeiter mit einer großen Säge durch, um die Bäume zurückzuschneiden. Bio-zertifiziert sei der Betrieb zwar nicht, man arbeite aber so naturnah wie möglich, versichert Megeth. Komplett auf Spritzmittel zu verzichten, sei aber in einer Freilandkultur nur schwer möglich. Immerhin hätten die Konsumenten eine gewisse Vorstellung davon, wie ein Apfel auszusehen hat. Das muss nicht immer nur etwas mit einer perfekten Oberfläche zu tun haben. Bei der Sorte Granny Smith kann es nämlich durchaus vorkommen, dass sie »rote Backerl« bekommt, wie Megeth sagt. »Für den Geschmack ist das sogar besser, aber die Leute wollen sie grün.« Also werden die Äpfel geerntet, bevor sie sich überhaupt solche »Backerl« zulegen können.

Frostberegnung und Frischhaltelager Mit Spätfrost hat das Schottenobst weniger Probleme. Die Bäume müssen ohnehin im Frühling und Sommer bewässert werden. Mit dieser Anlage kann auch frostberegnet werden (dabei werden die Bäume mit Wasser besprüht, die Tröpfchen frieren leicht an den Pflanzen und schützen diese). »Sonst hätten wir auch Engpässe. Es ist schon oft so, dass es immer früher warm wird und dann im April noch einmal der Frost kommt. Da kann es bis zu 100 Prozent Ernteausfälle geben.«

Nach der Ernte kommen die Äpfel in die Produktionshalle. Dort werden sie sortiert, verpackt oder in ein sogenanntes CA-Lager gesperrt. Der Zutritt zu diesen Räumen ist während der Lagerung verboten. Die Abkürzung steht für »Controlled Atmosphere« und bedeutet, dass der Reifeprozess der Äpfel durch niedrige Temperatur, geringen Sauerstoff- und erhöhten Kohlenstoffdioxidgehalt in der Luft gestoppt wird. »Dadurch haben wir das ganze Jahr über frische Äpfel. In den ersten Wochen der neuen Saison bekommen

die neuen Äpfel deshalb auch ein Pickerl mit der Aufschrift ›Neue Ernte‹, damit man sie unterscheiden kann.«

Die Früchte, die für den unmittelbaren Verkauf gedacht sind, kommen in eine Sortieranlage, genau genommen in ein Wasserbad, das das Obst transportiert. »Die Äpfel schwimmen oben. Das ist die schonendste Transportmethode, so werden sie nicht angeschlagen. Der positive Nebeneffekt ist, dass sie auch gewaschen werden.« Weiter geht es in ein Gebläse zur Trocknung. Die weniger schönen Exemplare werden händisch aussortiert, danach werden die Äpfel maschinell nach Größen sortiert. Die kleinsten Exemplare haben einen Durchmesser von zirka 60 Millimetern, die meisten liegen zwischen 70 und 75. »Die Riesenwoscher sind 85 plus groß, oder manchmal auch 90.« Danach werden die Äpfel in Tassen verpackt. Eine Handvoll Mitarbeiter steht an der Maschine und schlichtet sie in Windeseile in die Papiertassen, die mit Plastik eingeschweißt werden. Wolfgang Megeth zeigt stolz die fertig verpackte Tasse, auf der der »Absender« in Breitenlee verzeichnet ist.

Mittlerweile hat sich auch Güterdirektor Bernhard Schabbauer in der Produktionshalle zu uns gesellt. Er hat die genauen Zahlen zur Produktion im Kopf. Ist die volle Mannschaft im Einsatz, die aus zwölf Personen besteht, können in Wien pro Tag bis zu 15 Tonnen Äpfel geerntet werden. »Im Burgenland ist es aber erheblich mehr, mindestens drei Mal so viel. Da gibt es natürlich auch viel mehr Mitarbeiter.« Mit den Nachbarn gebe es vor allem beim Obstbau keine Probleme. »Eine Dauerkultur wie Obst sichert ja auch die Flächen.« Auf einem Acker wiederum könne schnell einmal ein Gebäude stehen. Und:

Das Obst ist greifbar, kann direkt bei der Gutsverwaltung oder an den zwei mobilen Verkaufsständen gekauft werden, während die Produkte des Ackerbaus meist weiterverarbeitet werden. Ganz so jung sei der Obstbau übrigens auch bei den Schotten nicht. »Obst hat es hier immer schon gegeben, wahrscheinlich seit 800 Jahren. Aber der Erwerbsobstbau hat erst in den 1970ern begonnen.«

Schottenobst
Landwirtschaftsbetriebe Stift Schotten
Breitenleer Straße 247, 1220 Wien

www.schottenobst.at
office@schottenobst.at
Tel.: 01 7344445
AB-HOF-LADEN: Freitag 9–18, Samstag 9–13 Uhr; Öffnungszeiten und Standorte der mobilen Hofläden siehe Website

Erikas Apfelschnitten

ZUTATEN

Mürbteig

300 g Mehl
200 g Butter
100 g Staubzucker
1 TL Rum

Apfelfülle

2 kg Äpfel
Saft & Schale von 1 Bio-Zitrone
150 g Zucker
100 g Semmelbrösel
Zimt

1 Ei zum Bestreichen

ZUBEREITUNG

> Die Zutaten für den Mürbteig vermengen, zu einem Teig kneten und eine halbe Stunde kalt stellen.

> Dann die Hälfte des Teigs ausrollen und in eine viereckige Backform füllen, mit einer Teignadel anstechen und halb backen (180 °C, ca. 8 Minuten, der Teig sollte noch hell sein).

> Äpfel schälen, schneiden und mit Zitronensaft und dem Abrieb der Zitronenschale im Wok heiß rösten. Mit Zucker, Semmelbröseln und Zimt vermischen.

> In die Backform füllen und auf dem vorgebackenen Teig glatt streichen. Mit dem restlichen ausgerollten Teig bedecken. Ein Ei verquirlen, Teig bestreichen und mit einer Nadel anstechen.

> Bei 180 °C ca. 1 Stunde backen. Auskühlen lassen und kalt aufschneiden.

Alle Rezepte auf einen Blick

Basilikum-Pesto **89**

Bittergurke mit Ei **111**

Brennnessellaibchen **143**

Dinkelkuchen **17**

Erikas Apfelschnitten **155**

Feigenmarmelade mit Fruchtstücken **65**

Filz- oder Schmerstrudel **41**

Gefüllte Bittergurke **111**

Gewürzter Hokkaidokürbis in Weißwein **137**

Kirschspuckkuchen **129**

Klösterlicher Obstkuchen aus Eischwermasse **149**

Kürbis mit Feta **32**

Leber im Glas **23**

Mohnstrudel mit Dinkel und Honig **82**

Rindsgulasch mit Habanero **77**

Schnelle Schwammerlsauce mit Austernseitlingen **71**

Schnelle Spaghettibohnen **103**

Topfentorte **123**

Wiener Barsch natur **47**

Wiener Schneckenragout **57**

Wildkräutersalat mit kräftigem Dressing **143**

Zitronenbowle »Kalte Ente« **149**

DIE AUTORIN

Karin Schuh, geboren 1980 in Wien, ist seit 2010 Redakteurin bei »Die Presse« im Ressort Wien/Chronik. In der »Presse am Sonntag« ist sie für die Rubrik »Essen & Trinken« zuständig. 2017 erhielt sie den Eduard-Hartmann-Preis für ihre journalistische Arbeit für die »Verständigung und Zusammenarbeit zwischen der Land- und Forstwirtschaft und der Gesellschaft«.

DER FOTOGRAF

Clemens Fabry, geboren 1970 in Wien, beschäftigte sich schon als Kind mit Fotografie. Seit 2001 ist er als Fotograf für »Die Presse« unterwegs. 2007 und 2010 wurde er als »Pressefotograf des Jahres« ausgezeichnet.

WIR LEBEN
STADTLANDWIRTSCHAFT

GEORG KÖLBL
CHILIGÄRTNER, WIEN DONAUSTADT

Landwirtschaftskammer
Wien

www.stadtlandwirtschaft.wien

IHR DIREKTER WEG ZUR WIENER LANDWIRTSCHAFT

www.stadtlandwirtschaft.wien

Erntefrisch und ohne Umwege.
Finden Sie die Produzenten von Obst, Gemüse, Honig und Wein.
Alles in Wien kultiviert und verarbeitet.

STYRIA
BUCHVERLAGE

Wien – Graz – Klagenfurt
© 2018 by Pichler Verlag
in der Verlagsgruppe Styria GmbH & Co KG
Alle Rechte vorbehalten.
ISBN 978-3-222-14019-8

Bücher aus der Verlagsgruppe Styria gibt es
in jeder Buchhandlung und im Online-Shop
www.styriabooks.at

Alle Fotos: Clemens Fabry
(außer S. 82 © Honigstadt)
Buchgestaltung, Illustration, Infografik:
    Stefanie Muther, extraplan.at
Covergestaltung: Emanuel Mauthe
Projektleitung: Elisabeth Blasch

Druck und Bindung: GPS
7 6 5 4 3 2 1
Printed in the EU